# 国家地理动物百科全书

# ANIMAL ENCYCLOPEDIA

## 鸟类

走禽·游禽

西班牙 Sol90 出版公司◎著

陈家凤◎译

山西出版传媒集团 山西人民出版社

# 目录

## CATALOGUE

ANIMAL ENCYCLOPEDIA

国家地理视角

## 群体活动

### 生存及延续

大量鸟类定期迁徙数千千米，以躲避寒冷，寻找食物和繁衍后代之地。如图所示，这些帝企鹅（*Aptenodytes forsteri*）在南极洲的陆地和水中来回走动，以完成其使命。

## 永远在一起

生命延续依赖于繁衍。对于一些鸟而言，从时间上来看，这种富有成效的会面具有连续性。这对信天翁每年都相聚于一座岩石岛上，用泥土和草筑巢。正是在这里，从鸟卵孵化开始，直至它们的宝贝出生变成幼鸟，慢慢长大。

## 最快速度

鸵鸟无法飞行，但它们长而强壮的腿使其非常敏捷，奔跑速度很快。图中，两只鸵鸟（*Struthio camelus*）飞速穿行在博茨瓦纳奥卡万戈三角洲周围的开放区域中。

# 概 况

鸟类的体表被羽毛覆盖，羽毛可以帮助鸟类飞翔和保温。大部分鸟类的构造均有助于飞行（也有不会飞行的鸟类），比如它们的身体由空心骨骼构成，坚固又轻巧。鸟类的种类繁多，不同种类的鸟具备不同的特征。

# 什么是鸟类

鸟类组成了一个非常成功的生物群落。在地球上，鸟类的栖息环境最具多样性。在热带雨林、大草原、海拔最高的山峰、气候最干旱的沙漠、辽阔的海洋，甚至是在南极大陆中心 -60℃的地方都能发现鸟类的踪迹。

| 门：脊索动物门 |
| --- |
| 纲：鸟纲 |
| 目：29 |
| 科：196 |
| 种：约1 万 |

## 适应飞行的特征

鸟类具备许多特有的形态特征，臂骨及爪子都已进化，长满羽毛，形成翅膀。骨骼呈中空（内含空气），如翅膀上的骨骼，能够减轻骨架自重，以适应飞行。鸟爪部分的骨骼不是中空型，其重量与相似大小的哺乳动物并无太大区别。鸟爪位于鸟类自重中心，以维持稳定性。胸骨处附着一块发达的胸肌，特别利于飞行。

从比例上看，鸟类心脏较大，呼吸系统极其高效，二者的结合满足了鸟类因高代谢而对氧气的大量需求。

许多鸟类根据自身的具体需求，形成了不同的飞行特征。一些鸟类适合长途飞行，如北极燕鸥，每年从北极迁徙到南极时，可飞行 4 万千米。其他一些海鸟，如红腹滨鹬，同样也进行长途飞

飞行者

白头海雕（*Haliaeetus leucocephalus*），全身长满羽毛，骨骼轻，利于在空中保持稳定性。

鸟巢和雏鸟

除了长满羽毛之外，产卵和通过自身热量进行孵化，是鸟类异于其他动物的又一特征。雌鸟和雄鸟皆可进行孵化，这取决于具体的物种类别。雏鸟一直待在亲鸟身边，直至学会飞行。

**笛鸻**

***Charadrius melodus***

行。还有一些鸟类的飞行速度出乎意料得快，如游隼，从高处俯冲向猎物时速度可达 300 千米/小时。此外，有几种雨燕不仅飞得快，且飞行模式多变。蜂鸟是唯一一种既可向前也可向后飞行的鸟，这使它们能准确无误地将喙伸入准备食用的花朵里。

**在空中**

借助空气气流，美洲鹤（*Grus americana*）可飞起并扇动翅膀。

## 繁殖

所有鸟类均是卵生动物，通过孵卵繁殖。不同种类的鸟，鸟卵的大小、重量、数量及颜色各不相同。雌鸟或雄鸟进行孵化（取决于鸟的种类），直至雏鸟出生。选择配偶和交配之前，雄鸟将通过一系列仪式性信号向雌鸟求偶。信号分为 3 种：视觉信号，如抖动或展示羽毛；化学信号，如散发信息素或其他物质；声音信号。所有鸟类求偶行为中最特别的要数鹤了。繁殖季节即将来临时，鹤就开始了持续时间长且令人印象深刻的求偶行为，包括跳跃、竞赛和飞行等，并伴随着独具特色、强劲且响亮的叫声。

大部分鸟类会筑巢，用于存放鸟卵。鸟类筑巢的地方极其多样化，它们通常会花相当长一段时间来最终确定巢穴所在地。鸟巢的形式、尺寸和材料各不相同。一些鸟巢十分结实耐用，比如一些灶鸟用泥土筑巢，又比如一些织布鸟用植物纤维筑巢，筑的巢看起来像悬挂的包。也有其他一些鸟的巢极不稳定，如红腹滨鹬和燕鸥，它们仅为了产卵而将地面的凹坑当作巢穴。

## 栖息环境

鸟类分布于各个大陆，且近一半的鸟类会进行迁徙，它们会利用各种环境中更好的条件进行繁殖和觅食。全部或绝大部分同种鸟类的迁徙是周期性的。

## 发达的感官

对于大多数鸟类而言，视觉和听觉是它们最发达的感官。而秃鹫等少部分鸟类的嗅觉则更为重要，更利于其在植被中发现动物尸体。然而，鸟类的味觉感官是极不发达的。

视觉有助于鸟类觅食，同时便于其发现远处的捕食者。从鸟类的身体比例来看，它们的眼睛较大，其在头颅上的位置决定了视角范围。眼睛长在前额，有助于猎食；眼睛长在两侧，对那些需要监视四周环境、避免捕食者进攻的鸟类而言更有利。视觉对于感知社交行为（如求偶）而言同样也很重要，尤其是针对某些鸟类。此外，对于沟通、猎食等活动而言，听觉是基本的感官。

## 声音

鸟类通常凭借叫声来进行沟通。一些情况下，雄鸟通过发出悠扬的歌声来吸引雌鸟的注意（繁殖季节即将来临时），或宣布领地权并击退入侵者。此外，鸟类也会发出声音联络配偶或向同群鸟发出警告。甚至雏鸟出生时，也通过尖叫，向其父母索要食物。

### 鉴别

为了通过外观特征来区分不同种类的鸟，专家们根据颜色和外观划定区域，观察其不同特征。此外，也可通过体积大小、形态、轮廓及比例来鉴别。各种鸟的声音也被视为一个有利的辅助工具。

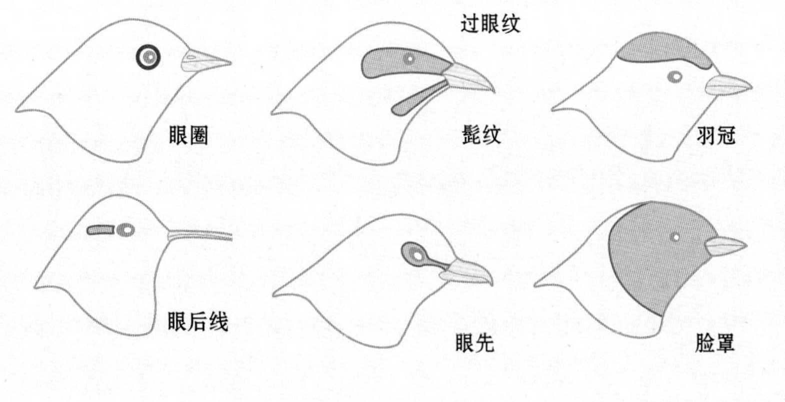

# 解剖特征

大部分鸟类具备多种利于飞行的特征，比如高效的循环及呼吸系统，内含空气的中空型骨骼，以及用于消化食物的肌胃。鸟类属于卵生动物，其生殖系统在交配期间膨大。由于具备上述特征，鸟类成为全球分布范围最广的脊椎动物群之一。

## 中空骨骼

关于飞行，鸟类面临着一个巨大的挑战：需要尽可能地减轻自重。鸟类的骨骼中空且坚硬，减轻了骨骼自重；同时，内部骨骼紧密结合，提高了骨强度；头骨及前肢等骨头相连。总体上看，鸟类骨骼总数较其他脊椎动物的少。它们的脊柱坚硬，除了颈椎之外，大部分脊椎相连。如今的鸟已没有牙齿，演化出角质化的喙，喙位于下颌骨上方。

## 消化系统

虽然鸟类没有牙齿，不会咀嚼，但它们拥有高效的消化系统，能快速消化食物。食物通过咽喉进入食管，然后到达胃部。胃分为两部分：腺胃，分泌胃液；肌胃，功能与哺乳动物的牙齿相似，负责消化食物。有时，鸟类会有意地摄食碎石或沙砾，以帮助磨碎食物。消化系统的末端是泄殖腔，排泄系统和生殖系统共用该器官。

## 生殖系统

全年大部分时间里，鸟类的生殖系统处于紧缩状态。但是繁殖期间，该系统膨大，并发挥作用。雄鸟趴在雌鸟背部，将精子通过泄殖腔输送到雌鸟体内。一般而言，雌鸟只使用左侧卵巢和输卵管，此时右侧卵巢会退化变小。在输卵管中生成受精卵，然后将腺体输送到泄殖腔，卵白、薄膜及外壳慢慢形成，并在体内着色，最后生成卵。

## 循环系统

鸟类的心脏相对较大，且心率很快。脉冲数与体形大小成反比。大型鸟类，如鹅，静态时每分钟心跳可达80次；而蜂鸟在飞行状态下，每分钟心跳高达1000次。鸟类的血压与相同体形的哺乳动物相似。

### 心脏

鸟类的心脏与爬行动物相似，不同的是它们拥有4个腔室，而非3个。左侧心脏向全身输送血液，因此发育得更好。右侧心脏仅向肺部输血，相比而言，发育欠佳。

**1 血液** 流入左右两侧血管。

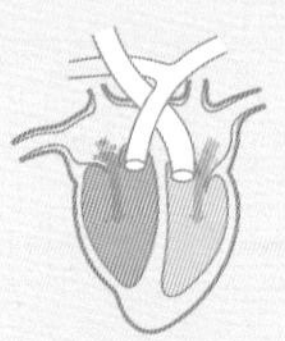

**2 心室放松** 房室瓣开放。

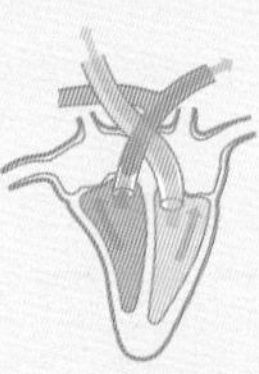

**3 心室收缩** 血液开始流通。

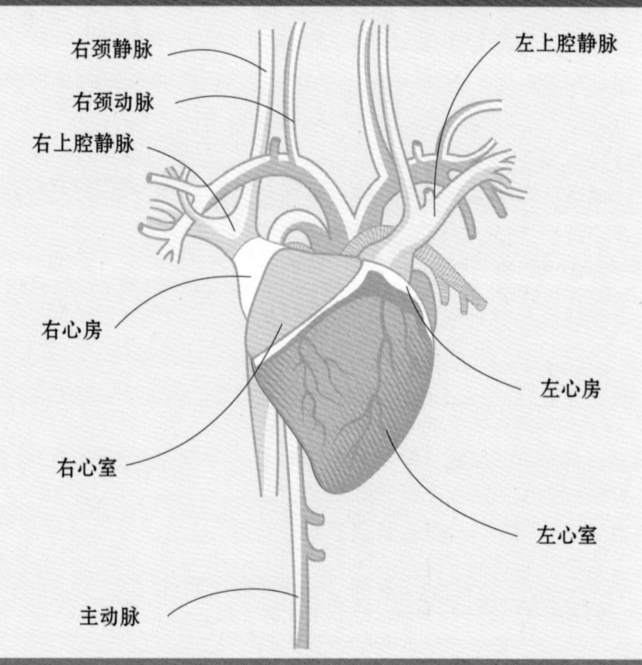

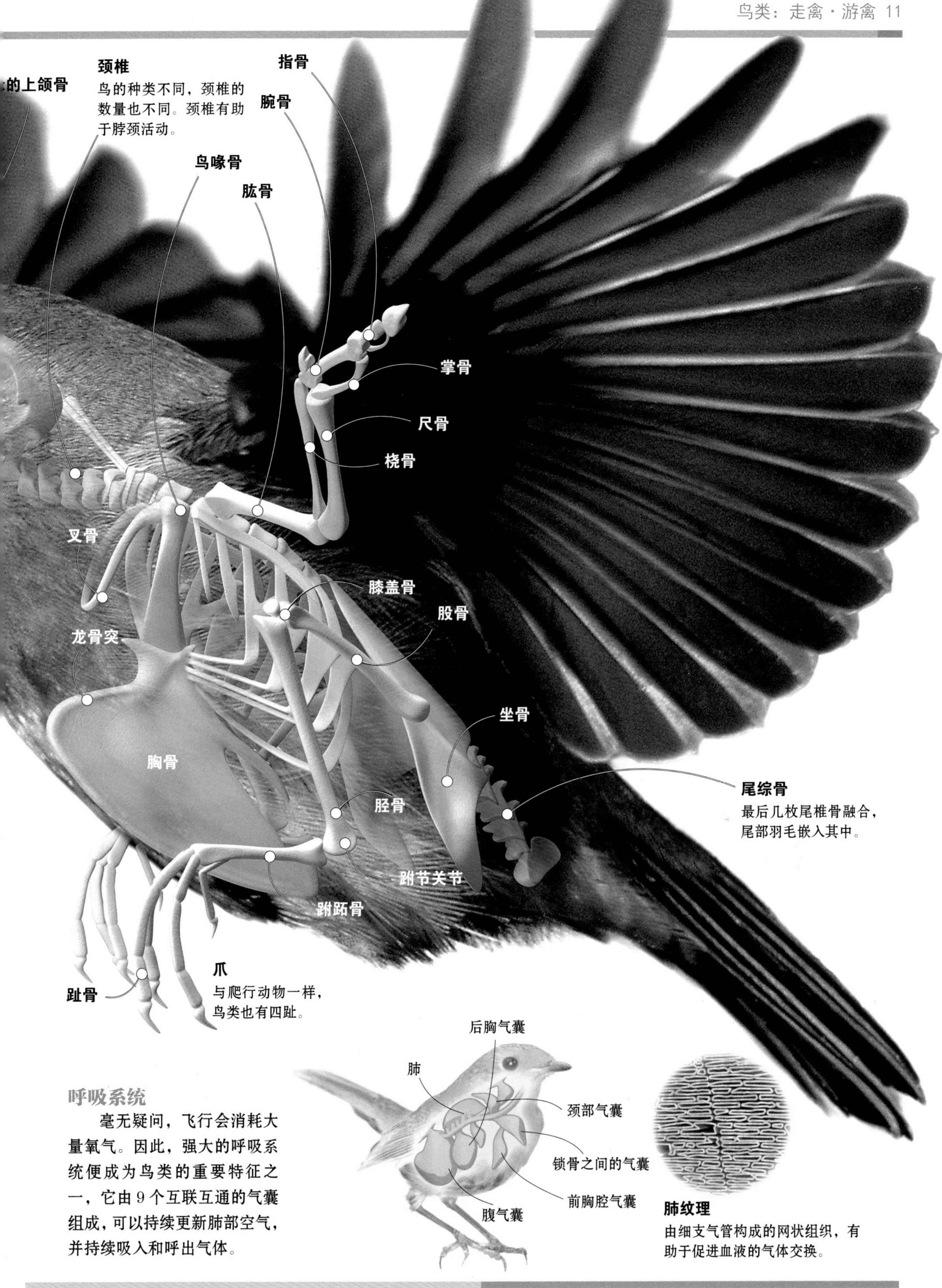


## 呼吸系统

毫无疑问，飞行会消耗大量氧气。因此，强大的呼吸系统便成为鸟类的重要特征之一，它由9个互联互通的气囊组成，可以持续更新肺部空气，并持续吸入和呼出气体。

**肺纹理**

由细支气管构成的网状组织，有助于促进血液的气体交换。

# 起源及祖先

鸟类的进化史曾是科学家们激烈争论的一个话题。无论是过去还是现在，都存在不同的鸟类进化理论。当今被广泛接受的一种理论为：鸟类起源于兽脚类恐龙时期。始祖鸟是已知的最早的鸟类，拥有翅膀，全身长满羽毛，同时还具备许多爬行动物特有的特征。

## 早期理论

19世纪英国生物学家托马斯·H.赫胥黎，是继达尔文发表《物种起源》不久之后，提出“鸟类起源于小型肉食动物——兽脚类恐龙”理论的第一人。该理论现已被广泛接受。最新的骨学研究、动物研究（关于受精卵）、行为等相关研究均表明鸟类属于兽脚亚目中的手盗龙类。

## 关键部位

1861年，于巴伐利亚（德国）发现了一块具备爬行动物特征的化石，但在其中发现了长满羽毛的翅膀和尾巴，人类由此开始了解鸟类的进化史。该物种被称为始祖鸟，是最早的鸟。据估计，始祖鸟生活于约1.5亿年前的侏罗纪晚期。

和现代鸟类一样，始祖鸟全身长满羽毛。但是其头颅与现代爬行动物和以前的兽脚类恐龙相似，颚骨上有和爬行类动物一样的牙齿。拥有叉骨和锁骨相互融合形成的半月形骨，同时具备兽脚类恐龙和鸟的特征。翅膀末端，有三趾，并带有利爪，据推测，这是用于攀爬树木以获取猎物。此外，始祖鸟翅膀上的羽毛拥有不对称的飞羽，这是所有会飞的鸟具备的特征。从新生代（6500万年前）起发现的所有鸟类已无牙齿，从始新世（4500万年前）开始，鸟类即与现代鸟极为相似。

**其他**

近些年，还发现了其他早期鸟类，但年代均比始祖鸟晚。

**椎尾**

由21或22块骨头组成。现代鸟类的最后几枚尾椎骨融合，结为一体，形成尾综骨。

**蜥蜴类骨盆**

非鸟类的初龙的髋骨及股骨。

## 化石记录

1861年，人类发现了第一块始祖鸟化石，现存放于英国博物馆。从那时起，就出现了多个化石标本，虽然其中一些极其残缺不全。最完整的标本保存于柏林博物馆。从化石上看，在其骨架的周围有羽毛存在。鸟类的遗骸是极其稀缺的，这使得对鸟类化石的研究非常艰难。因鸟的骨骼中空，数千年来，其尸体很难完整保存。随着时间的流逝，头骨部分是最容易受影响的。此外，只有在极其特殊的环境下，羽毛才能完整保存。

始祖鸟
*Archaeopteryx lithographica*

## 古代及现代

进化过程中，大部分鸟类已灭绝，目前仅剩近1万种，种类数量不及古代的10%。

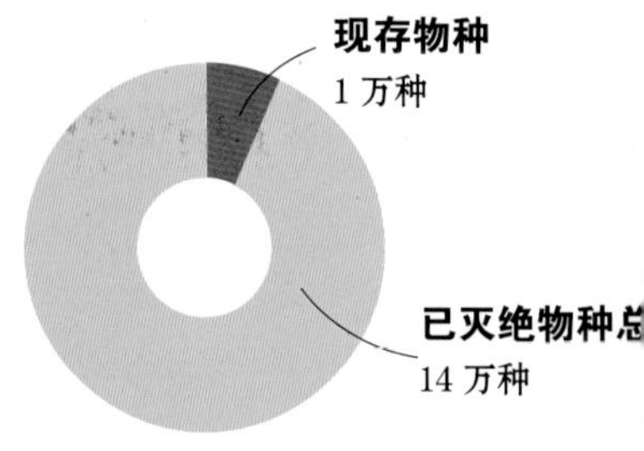

## 从爬行动物到鸟

科学家们就“从爬行动物进化到鸟”这一论题提出过多种进化理论，但无一得到认可。至今仍不确定其中哪条进化线建立了二者之间的联系。据推测，恐龙飞行是为了保护恐龙卵，确保物种的延续性。主要有树栖理论、善跑理论及亲本理论。

**A 树栖理论**

该理论认为，鸟类的飞行功能是从草食性爬行动物和兽脚类恐龙进化而来的。首先，它们像降落伞一样下落；然后，在树木之间滑翔。随着不断进化，又学会俯冲，可覆盖更长的距离。

**B 亲本理论**

爬行动物攀爬上树，以防止其后代受捕食者的进攻。

**C 善跑理论**

该理论认为，鸟类起源于双足恐龙，有化石为证。这种恐龙奔跑速度极快，手臂进化生成翅膀，以确保跳跃时的稳定性。

**三趾爪**

前肢上长有3根长趾，每一趾都带有锋利的爪子。

**腕部**

与现代鸟类相比，此关节更灵活。与恐龙类似。

**颈椎**

移动时颈椎有兽脚类恐龙的凹陷连接部位，但无鸟类的鞍形部位。

**带牙齿的爬行动物颚骨**

无现代鸟类的角质喙。两颚中均有锋利的牙齿。

**叉骨**

锁骨融合，形如回旋镖。这是许多兽脚类恐龙的特征。

**肋骨**

腹部有肋骨，这是爬行动物和恐龙的典型特征。

**未融合的跖骨**

现代鸟类跗骨和跖骨融合，形成跗跖骨。

**趾**

爪通常有四趾。第一趾不起支撑作用，是相对的。（鸟类可沿第二、三、四趾垂直方向运动）

## 头颅

与现代爬行动物和古代兽脚类恐龙相似，有方形头骨向前倾斜，颊骨薄且直，前眶骨位于眼窝和前眶开口之间等特征。头和耳朵的位置表明其拥有良好的方向感。

**始祖鸟**

头颅中有多个开口和膜孔。

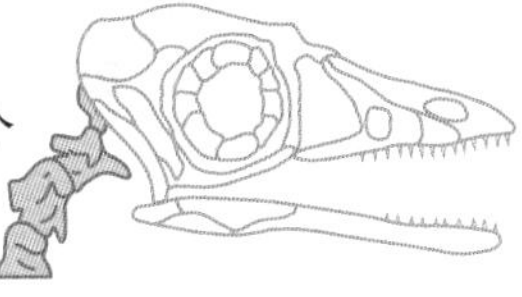

**现代鸟**

更轻，许多骨头融合。

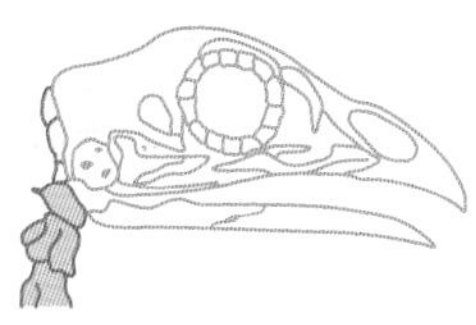

# 分类

不同种类的鸟具备不同的特征，体形大小、颜色、叫声、所处生态位及地理区域等各不相同。早期时，科学家们按照鸟类不同的形态特征进行分类，但现代分类已包含许多其他因素，尤其是遗传物质或 DNA 分析。

## 如何分类

系统，即基于物种相似程度进行分类的科学分支。考虑到机体之间的进化关系，并构建起家族树，以便详细了解物种的进化史。因此，通过采用先进技术，比较物种的形态、解剖结构、行为、化石及 DNA 或遗传物质等，可以了解两个物种之间的相似程度。一般而言，两个物种 DNA 相似程度越高，其亲缘关系越密切；相似程度越低，则亲缘关系越薄弱。

## 鸟类命名

命名法，即负责物种命名的分类学分支。18 世纪，瑞典生物学家卡尔·冯·林奈提出了双名法则。该法则建议，用两个单词来命名所有生物。第一个单词对应属，第二个单词（具体的词）完善物种的名称。该名称（拉丁语）是全球通用的，不会引起歧义，且无须另起一个当地名称。2~3 个物种可归为相同属，多个属可归为科，多个科可归入一个目，多个目又可归入一个纲。这样分类，鸟纲、鱼纲、两栖纲、爬行纲和哺乳纲等就同属脊索动物门。

**学名**

许多鸟类在各个地区拥有不同的通用名称，以避免混淆。

| 鸟纲 | | |
|---|---|---|
| **鹅鸟** | | |
| 目：鹅形目 | 科：1 | 种：47 |
| **美洲鸵** | | |
| 目：美洲鸵目 | 科：1 | 种：2 |
| **鸵鸟** | | |
| 目：鸵形目 | 科：1 | 种：1 |
| **鹤鸵和鸸鹋** | | |
| 目：鹤鸵目 | 科：2 | 种：6 |
| **几维鸟** | | |
| 目：无翼鸟目 | 科：1 | 种：3 |
| **鸡形目** | | |
| 目：鸡形目 | 科：5 | 种：290 |
| 喳喳雉 | | |
| 科：凤冠雉科 | | |
| 新大陆鹌鹑 | | |
| 科：齿鹑科 | | |
| 家雉 | | |
| 科：冢雉科 | | |
| 火鸡、山鸡、鹧鸪等 | | |
| 科：雉科 | | |
| 珠鸡 | | |
| 科：珠鸡科 | | |
| **水禽** | | |
| 目：雁形目 | 科：3 | 种：162 |
| 鸭、鹅和天鹅 | | |
| 科：鸭科 | | |
| 叫鸭 | | |
| 科：叫鸭科 | | |
| 鹊鹅 | | |
| 科：鹊鹅科 | | |
| **企鹅** | | |
| 目：企鹅目 | 科：1 | 种：17 |
| **潜鸟** | | |
| 目：潜鸟目 | 科：1 | 种：5 |
| **信天翁和鹱** | | |
| 目：鹱形目 | 科：4 | 种：142 |
| 信天翁 | | |
| 科：信天翁科 | | |
| 海燕 | | |
| 科：海燕科 | | |
| 鹈燕 | | |
| 科：鹈燕科 | | |

鹱
科：鹱科

## 鹋鹋
目：鹋鹋目 科：1 种：22

## 火烈鸟
目：红鹳目 科：1 种：5

## 鹭、鹳等
目：鹳形目 科：3 种：116

鹭和麻鳽
科：鹭科

鹳
科：鹳科

朱鹭和琵鹭
科：鹮科

## 鹈鹕
目：鹈形目 科：8 种：65

军舰鸟
科：军舰鸟科

鹈鹕
科：鹈鹕科

热带鸟
科：热带鸟科

鸬鹚
科：鸬鹚科

鲣鸟
科：鲣鸟科

蛇鹈
科：蛇鹈科

锤头鹳
科：锤头鹳科

鲸头鹳
科：鲸头鹳科

## 昼猛禽
目：隼形目 科：3 种：304

鹰、鸢等
科：鹰科

美洲秃鹫
科：美洲鹫科

红隼和长腿兀鹰
科：隼科

## 鹤及其他
目：鹤形目 科：11 种：212

秧鹤
科：秧鹤科

叫鹤
科：叫鹤科

日鳽科
科：日鳽科

鹤
科：鹤科

日鹇
科：日鹇科

拟鹑
科：拟鹑科

鸨鸟
科：鸨科

领鹑
科：领鹑科

喇叭鸟
科：喇叭鸟科

黑水鸡
科：秧鸡科

三趾鹑
科：三趾鹑科

## 海鸥、燕鸥和海雀
目：鸻形目 科：17 种：367

海雀、海鸠、海鹦及其他
科：海雀科

石鸻
科：石鸻科

鸻
科：鸻科

南极海鸟
科：鞘嘴鸥科

蟹鸻
科：蟹鸻科

燕鸻
科：燕鸻科

蛎鹬
科：蛎鹬科

鹮嘴鹬
科：鹮嘴鹬科

雉鸻
科：雉鸻科

海鸥、鸥、燕鸥及其他
科：鸥科

反嘴鹬
科：反嘴鹬科

彩鹬
科：彩鹬科

鹬、翻石鹬、矶鹬及其他
科：鹬科

贼鸥
科：贼鸥科

籽鹬
科：籽鹬科

剪嘴鸥
科：剪嘴鸥科

燕鸥
科：燕鸥科

## 鸽子和沙鸡
目：鸽形目 科：1 种：308

## 鹦鹉和凤头鹦鹉
目：鹦形目 科：1 种：364

## 麝雉
目：麝雉目 科：1 种：1

## 蕉鹃
目：蕉鹃科 科：1 种：23

## 杜鹃
目：杜鹃科 科：1 种：138

## 猫头鹰
目：鸮形目 科：2 种：180

猫头鹰及小猫头鹰
科：鸮形科

草鸮
科：草鸮科

## 夜鹰和蛙嘴夜鹰
目：夜鹰目 科：5 种：118

裸鼻鸱
科：裸鼻鸱科

夜鹰
科：夜鹰科

林鸱
科：林鸱科

蟆口鸱
科：蟆口鸱科

大怪鸱
科：油鸱科

## 雨燕和蜂鸟
目：雨燕目 科：3 种：429

雨燕
科：雨燕科

凤头雨燕
科：凤头雨燕科

蜂鸟
科：蜂鸟科

## 鼠鸟
目：鼠鸟目 科：1 种：6

## 咬鹃
目：咬鹃目 科：1 种：39

## 翠鸟
目：佛法僧目 科：8 种：200

翠鸟
科：翠鸟科

犀鸟
科：犀鸟科

佛法僧
科：佛法僧科

食蜂鸟
科：蜂虎科

翠鴗
科：翠鴗科

林戴胜
科：林戴胜科

短尾鴗
科：短尾鴗科

戴胜鸟
科：戴胜科

## 啄木鸟和须䴕
目：䴕形目 科：5 种：398

喷䴕
科：喷䴕科

鹟䴕
科：鹟䴕科

响蜜䴕
科：响蜜䴕科

啄木鸟
科：啄木鸟科

巨嘴鸟
科：巨嘴鸟科

## 鸣禽
目：雀形目 科：96 种：5753

阔嘴鸟
亚目：阔嘴鸟亚目 科：4

灶鸟及相关鸟
亚目：灶鸟亚目 科：18

鸣禽
亚目：鸣禽亚目 科：2

霸鹟及相关鸟
亚目：霸鹟亚目 科：7

这种分类是以狄金森的分类为基础，同时也引用了《全球鸟类生活》和《世界鸟类手册》中提出的一些标准。

# 飞行

鸟类祖先及其后代的翅膀与身体其余部分相互结合，运动时，产生压力流和空气流，便可以飞行。各物种因其体形大小、翅膀和尾巴的形状以及栖息环境的不同，具有不同的飞行模式。最主要的飞行动作为俯冲和滑翔。

## 带翼物种

大部分鸟类的构造均有助于飞行。飞行肌附着于带龙骨突的胸骨上，飞行肌收缩时，翅膀向下运动，促进鸟类向前移动。飞行肌放松时，翅膀向后、向上运动，羽毛产生气动动力。鸟类尾部的样式亦影响飞行。比如，金刚鹦鹉，两翼和尾巴展开，虽然体积较大，但两翼相对较窄且呈锥状，因而飞行速度快。

**4800次**

蜂鸟翅膀每分钟拍打的次数。求偶期间，拍打次数高达每秒200次。

**羽毛结构**

从中轴或脊柱处，羽毛向外分散或形成倒羽，侧羽毛相互交织，形成倒羽。

### 波形飞行路线

俯冲飞行过程中，不会立即产生支撑力。因此，大部分鸟类需要通过拍动翅膀来获取足够的起飞力量。波形飞行路程中，鸟类交替拍打翅膀。

上升

下降

**1 推进**

鸟用力地拍动翅膀，以便飞行，并逐步上升。

**拍动着的翅膀**

当翅膀向下展开时，产生大部分的翅膀扑扇力。

**折翼**

保存扑扇力，任折翼下落，节省能量。

**2 休息**

休息间隔时间短。当推进力消失时，再次拍动翅膀，向后呈波形运动。

### 大型陆栖鸟滑翔

鸟类双翼展开并固定下来时，开始滑行。这种飞行会消耗少量能量，但随着速度下降，飞行高度也下降。遇到下降气流时，抬升力下降。

**A 上升**

受到热气流的作用时，鸟类无须拍动翅膀，就可起飞。

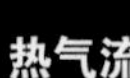

**B 直线滑行**

抵达最大高度时，开始直线飞行。

**C 下降**

缓慢滑翔，且逐渐下降。

**D 上升**

再次受到热气流的影响时，开始再次上升。

热气流

冷空气

热气流

**城市影响因素**

随着城市化的加剧，物种栖息地不断减少，更多的物种生存受到影响，如长冠八哥。

**旋转飞行**

蜂鸟沿两个方向摆动翅膀旋转飞行，以固定在一个点上。

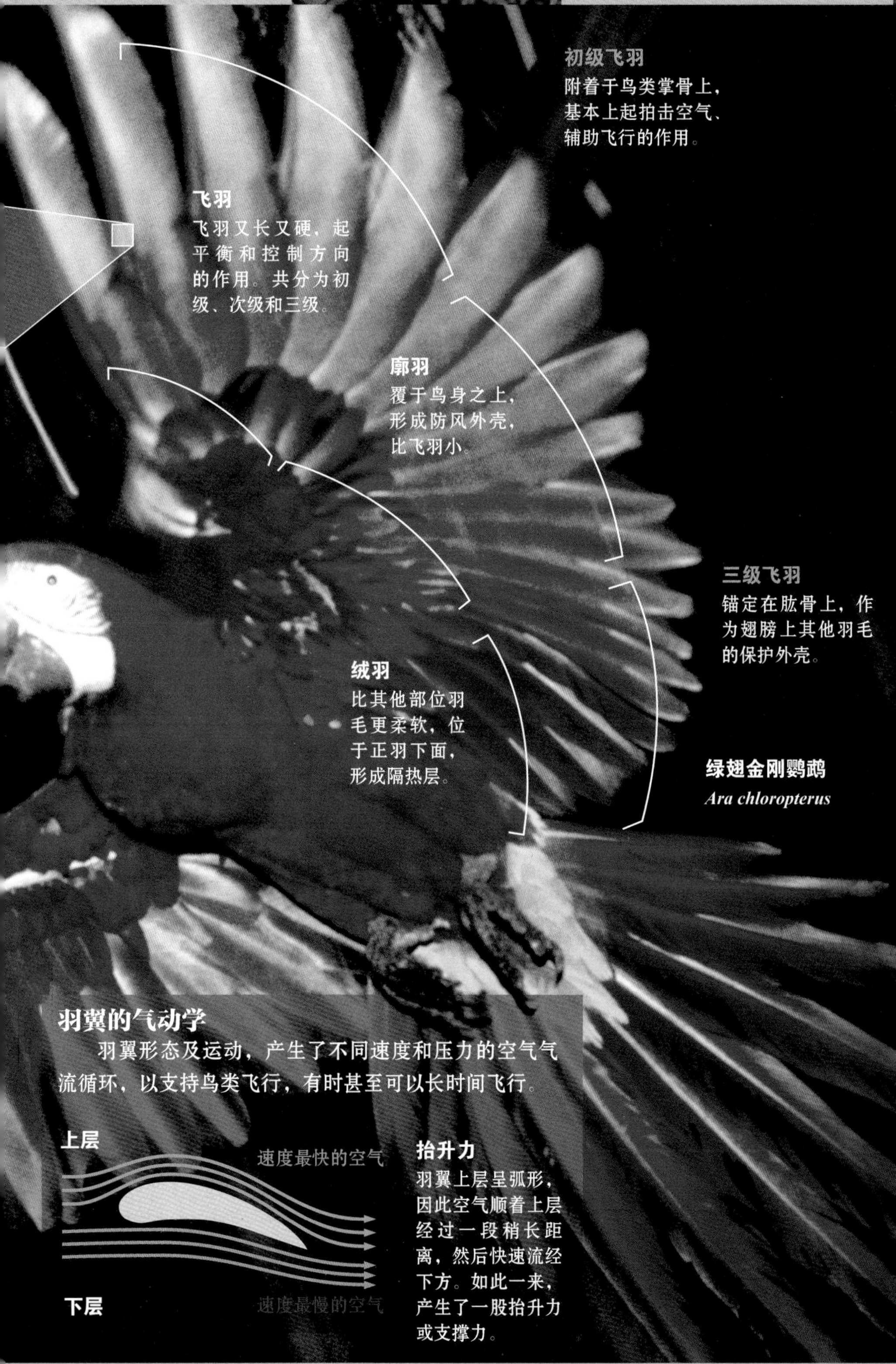

**初级飞羽**

附着于鸟类掌骨上，基本上起拍击空气、辅助飞行的作用。

**飞羽**

飞羽又长又硬，起平衡和控制方向的作用。共分为初级、次级和三级。

**廓羽**

覆于鸟身之上，形成防风外壳，比飞羽小。

**三级飞羽**

锚定在肱骨上，作为翅膀上其他羽毛的保护外壳。

**绒羽**

比其他部位羽毛更柔软，位于正羽下面，形成隔热层。

**绿翅金刚鹦鹉**

*Ara chloropterus*

**翅膀类型**

各鸟类之间，翅膀形态、尺寸、羽毛数量等各不相同。

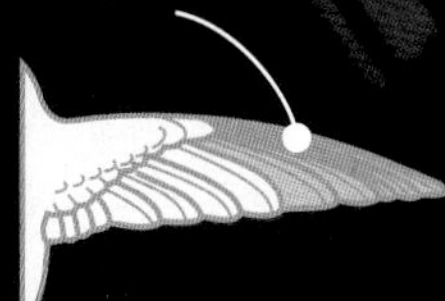


**飞翼**

较大且密集的飞羽，起拍打飞行作用。飞翼表面积小。

**椭圆翼**

许多种类的鸟均有椭圆形羽翼，灵活性强，利于多种飞行模式。

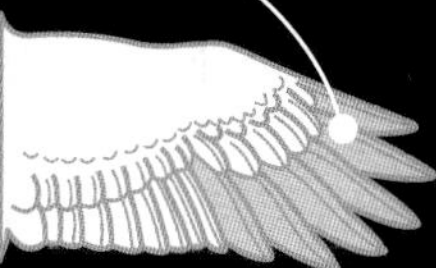


**陆地鸟的滑翔翼**

羽翼较宽，支持低速滑翔；独立的飞羽则起平衡作用。

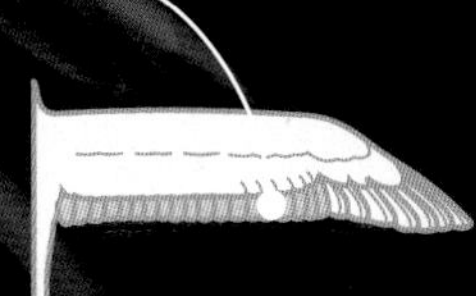


**海洋鸟的滑翔翼**

羽翼较长，且较窄。可支持逆风滑翔。

## 羽翼的气动学

羽翼形态及运动，产生了不同速度和压力的空气气流循环，以支持鸟类飞行，有时甚至可以长时间飞行。

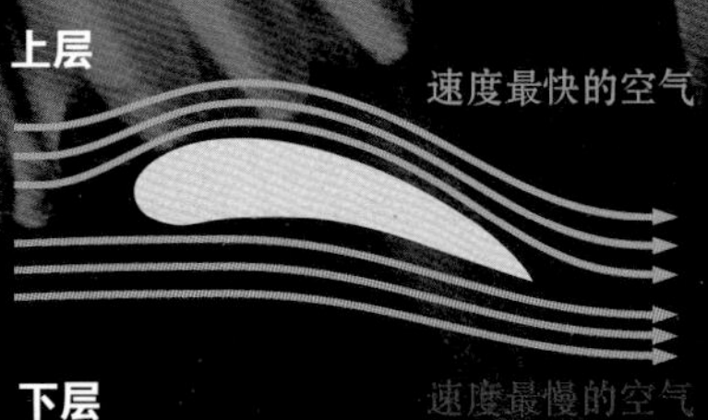


**抬升力**

羽翼上层呈弧形，因此空气顺着上层经过一段稍长距离，然后快速流经下方。如此一来，产生了一股抬升力或支撑力。

# 栖息地及环境

从寒冷的极地到热带雨林，从平原到高山，鸟类的足迹遍布全球。如今，鸟类栖息于各大陆地和海洋岛屿中。不同的生态地理区，鸟类分布不同，这取决于现有环境广度和多样性等因素。大部分鸟类栖居于新热带区，近 3400 种；而南极洲仅有 50 种。

## 多样性

热带雨林是鸟类品种最为丰富、数量最多的区域。比如，哥伦比亚和秘鲁等国家，分别拥有大约 1700 种鸟，几乎是整个欧洲地区的 2 倍。同时，广阔的亚马孙地区，栖居着近 1500 种不同的鸟。

一般而言，在一个特定区域，每一物种的栖息环境均具备独特性，受气候、捕食者、食物或筑巢地点等因素影响，某物种为某地区特有，且在其他地方没有，则被称为“地域性物种”。一些鸟类生存在极其有限的地区。黑喉绿阔嘴鸟（*Calyptomena whiteheadi*），绿黑相间，仅栖居于印度尼西亚婆罗洲北部山地区域。叉扇尾蜂鸟（*Loddigesia mirabilis*），中等体形，尾部仅有 4 根羽毛，其中两根较醒目。共有 1000 多只，现被列为濒危物种，仅栖息于秘鲁北部马拉农河里奥乌特库班巴流域一片面积约 50 平方千米的狭窄森林区域。相反，一些鸟类分布范围极广。如鱼鹰（*Pandion haliaetus*）和仓鸮（*Tyto alba*），生存在除南极之外的所有大陆地区，并被 190 个国家视为原生物种。

## 极端

为适应不同环境，鸟类表现出惊人的进化特征。栖居于沙漠的鸟类，体温高于同一环境中的哺乳动物。黑腹翎鹑（*Callipepla gambelii*）栖居于美国西部和墨西哥西北部沙漠，体温高达 42℃。而根据记录，同一地区的郊狼体温仅为 39℃。此外，鸟类可通过四肢释放多余的热量。我们熟知的走鹃（*Geococcyx californianus*），在沙漠寒冷的夜晚里，这种鸟进入暂时的冬眠（称为“迟缓”）。日出之后，露出背部深色皮毛区域，以便快速吸收热量。高山地区的蜂鸟也具备相似特征（如山蜂鸟属）。

一些鸟类栖息于高海拔地区。安第斯神鹫（*Vultur gryphus*）栖息于安第斯山脉和太平洋毗邻海岸，海拔达 5000 米。斑头雁（*Anser indicus*）的栖居地区海拔更高，在西藏和印度之间的迁徙途中，它们可飞越喜马拉雅山脉，甚至到达珠峰 8000 米高处。但是最高纪录持有者为黑白兀鹫（*Gyps rueppelli*），1975 年，一只兀鹫飞行于非洲上空海拔 11.5 千米高处，与一架飞机相撞。鸟类的一些生理适应性使其具备了这样的飞翔成绩：在稀薄的空气中，鸟类通过肺部吸入空气，每吸入一次，可循环两次。

近 600 种鸟类在生命周期中的某一时刻，对水的依赖性很强，这类鸟被称为“水鸟”。包括信天翁（96% 的时间飞行于大洋之上）、草鹭鸯（经常滑翔于平静的低水面上）等。这是一群弱势物种，受淡水湿度降低、海岸和海洋栖息环境变差、食物减少等因素影响，近些年来这些物种数量大大下降。

## 城市

数万种鸟栖居于城市中。虽然城市的发展破坏了自然栖息环境，但也创建了新生态环境，一些物种开始栖居于此。在人口密集地区，许多鸟类可找到庇护所、食物和水，且捕食者较野生环境中少。

### 生物地理和鸟类

大部分物种栖居于热带地区。尽管温带地区季节性变化大，仍有大量鸟类栖居于此。愈加寒冷的地区，其多样性愈差，尽管如此，却也拥有大量生物个体。

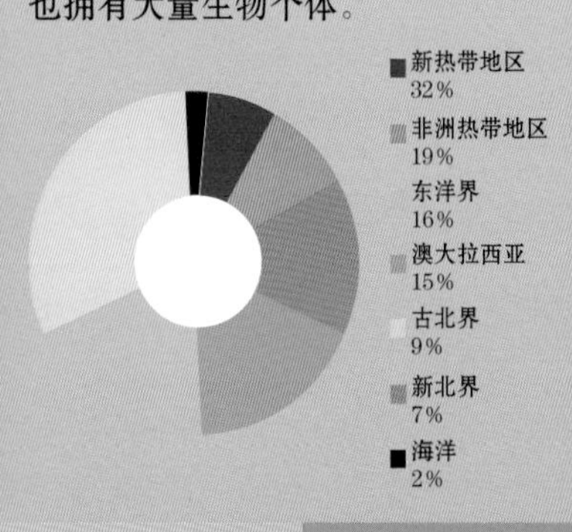


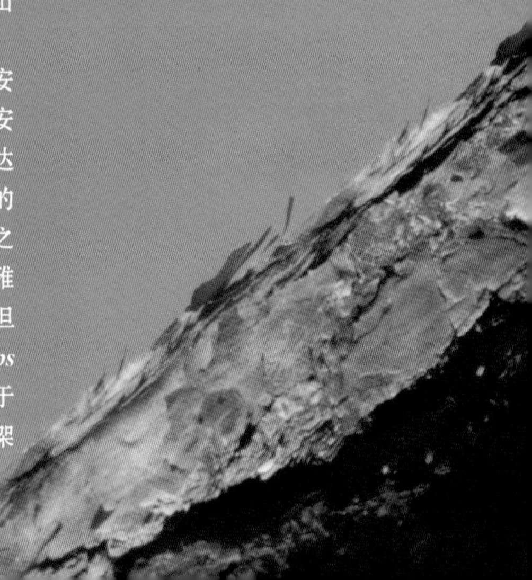

鸟类在城区的扩张速度相对较快，欧洲著名的例子之一为乌鸫（*Turdus merula*），以前只栖居于森林中，但自19世纪初期起，开始出现于德国西部城区公园；20世纪初期，出现于波兰城区；50年后，出现于加里宁格勒（俄罗斯）、布尔诺（捷克）和索菲亚（保加利亚）。近些年来，在奥斯陆（挪威）、赫尔辛基（芬兰）和基辅（乌克兰）等地也发现了乌鸫。此外，乌鸫的子目物种也开始在伊斯坦布尔（土耳其）、第比利斯（格鲁吉亚）和阿拉木图（哈萨克斯坦）出现。

根据科学家的最新发现，某些城市化鸟类与同一品种野生鸟相比，习性存在不同之处。比如逃跑飞行更短（与人类互动而进化）、迁徙趋势更弱以及繁殖期持续时间更长。

**适应环境**

鸟类特征与环境密切相关。鱼鹰肢体粗壮，有助于捕鱼。

## 城区分布最多的鸟

一些物种，如家麻雀分布于全球大多数城镇地区。

**家麻雀**

***Passer domesticus***

# 繁衍

所有物种均懂得谋求延续。鸟类中，通常雄鸟会限定一片领地开始求偶。一些雄鸟试图与许多雌鸟交配，而雌鸟则试图选择某只特性最优的雄鸟，它们会选择羽毛颜色最醒目的雄鸟，或求偶部署更精细或更有趣的雄鸟。

## 配偶及征服

对任何物种而言，求偶都并非易事。对鸟类而言，这也是一项艰巨的任务。动物界最有趣的事情之一即是相互选择。90%的鸟类是一夫一妻制的，组成配偶，度过整个繁殖期甚至一生。许多天鹅（天鹅属）即是如此。

进化过程中，雄鸟发展了不同的“策略”，以在求偶期间吸引对应的雌鸟，包括展示色彩鲜明的羽毛、礼物、舞蹈和精心准备的飞行表演。

虽然雄鸟做了很大努力，但最终选择权还是属于雌鸟。它们根据形态特征选择看起来健康或适合的雄鸟。比如美洲家朱雀（*Carpodacus mexicanus*），倾向于选择胸脯和前额羽毛色彩较亮、呈红色或橙色的雄鸟。长刺歌雀（*Dolichonyx oryzivorus*）选择那些在求偶期间飞行时间最长的雄鸟。尾巴、鸟冠或斑点大小等特征也会提高雄鸟的吸引力。

求偶活动极其复杂且丰富多样。安第斯神鹫（*Vultur gryphus*）发出沉重的鼻息；信天翁（信天翁科）表演千篇一律的舞蹈（包含“向天呼喊”），抬起鸟喙并发出奶牛般的叫声；南美洲草原鸟鹡鸰（鹡鸰科）从高处向下滑翔，如同表演杂技一般，并发出它们特有的极其复杂的声音。

## 系统多样性

“求偶场”是众多求偶形式中最奇特的特点之一，雄性物种聚集于一块限定区域，并在此通过表演或演示，向雌性物种求偶。雌性物种通常在求偶场围观，最后与最吸引它的雄性组成配偶。该系统形成了鸟类中最常见的一夫多妻制，被称为“多雌性”。至少有85个物种采用这种特殊的求偶方式，包括侏儒鸟（侏儒鸟属）、雉（雉属）、安第斯动冠伞鸟（动冠伞鸟属）、黑翅鸢（黑翅鸢属）及蜂鸟（蜂鸟科）。比如，黑翅鸢排队轮流“上台表演”。

极少物种中，雌性与多个雄性组成配偶，在求偶中扮演主导者，并保卫领地。

**赠送食物**
一些物种通过赠送食物来求得配偶。

## 筑巢

鸟类筑巢是为了产卵并进行孵化，保护鸟卵免受捕食者和恶劣环境的影响，（许多物种）在这个安全环境中喂养雏鸟，直至它们长大，飞向世界。鸟巢的形式、大小、位置及材料各不相同，约有十几种。一些鸟类甚至采用人造材料来筑巢的如钉状物、化纤布料或塑料碎片等。

有的巢穴很简陋，比如土壤中简简单单的洞穴，或者是岩石中生成的自然洼地。不过最常见的鸟巢是盘状或杯状的，一般由草、树枝及羽毛与植被、泥土、蜘蛛网或唾液“合并”而成。此外，有的鸟巢还在树洞或土壤洞穴中。

鸟巢大小多样。可以如吸蜜蜂鸟（***Mellisuga helenae***）鸟巢一般微小，直径仅为 2 厘米；也可以如澳洲丛冢雉的冢一般大，如曾发现过的一个冢，其长为 18 米、宽为 5 米、高为 3 米，重量高达 50 吨。

筑巢所需时间从几天到几周不等，有时候，雌鸟承担大部分的“泥瓦匠”工作。也有很少的一些种类，筑巢以供合住，如非洲西南部的群居织巢鸟（***Philetairus socius***），同一屋檐下居住着上百只，成对成对分布。每 8 只鸟形成一个组或集群。海鸟尤其倾向于这种筑巢方式，比如，秘鲁沿海岸处，400 万至 500 万只南美鸬鹚（***Phalacrocorax bougainvillii***）形成一个集群。

## 产卵及孵化

卵的数量是多变的，取决于雏鸟的存活率及抚养雏鸟所需的精力。许多海鸟只产 1 枚卵，如漂泊信天翁（***Diomedea exulans***），孵化之后，将喂食雏鸟长达 9 个月，直至它们可以离巢。大部分鸣禽可产 3~6 枚卵，其他一些鸟，如青山雀（***Parus caeruleus***）可产 6~12 枚卵；少部分鸟（野鸡和鹧鸪）产卵数量超过 12 枚。大部分鸟一天产一枚卵。

鸟类的孵化期也各不相同。可短至 10 天，如非洲的红嘴奎利亚雀（***Quelea quelea***）和啄木鸟；或长达 3 个月，如最大的信天翁（信天翁科）和新西兰的褐几维鸟（***Apteryx australis***）。孵化期间，最佳温度为 37~38℃。大部分鸟类中，雌鸟和雄鸟“轮流值班”孵化，根据鸟种不同，轮流孵化时长从 1~2 个小时到 1 个月不等。近 1% 的鸟类采用巢寄生方式，即指某些鸟类将卵产在其他鸟的巢中，由其他鸟（义亲）代为孵化。这种方式使得在繁殖季节，鸟类产卵数量可超过一个巢可容纳的数量，最大化繁衍后代的概率，并最小化产卵、孵化及喂养所消耗的能量。巢寄生行为可发生在同一物种身上，也可发生在不同物种之间。

**确保雏鸟的安全**

鸟类采用极其多样的材料来筑巢，如树枝、草、泥土及粪便。

## 性别二态性

性别二态性是指一些物种两性外观或大小有显著差异，雄性通常颜色更鲜明。比如公鸡和母鸡，公鸡有红色鸡冠，重量为母鸡的 2 倍。相反，猛禽中，雌性体形更丰满，尽管其羽毛并无差异。

**体积大小**

疣鼻天鹅（*Cygnus olor*）性别二态性仅体现在体形大小方面，雄性体形较大。

**多方面**

美洲家朱雀（*carpodacus mexicanus*），雌雄鸟体形和羽毛颜色均有差异。

**羽毛**

绿头鸭（*Anas platyrhynchos*），雄鸟头及颈部为深绿色，雌鸟为棕色。

**特征**

小军舰鸟（*Fregata minor*），只有雄鸟有鲜红色喉囊，在繁殖季节，喉囊会膨胀。

# 雏鸟的发育

不同种类的雏鸟，出生时发育程度不同。一些鸟类，如鸭子和美洲鸵鸟，出生不久后，即可浮游或行走。其他鸟类出生时未长羽毛，需要亲代悉心照料才可生存，如鸣禽和蜂鸟，依靠在鸟巢中吸取的热量来发育。猛禽、苍鹭和鹳等属于晚成鸟。

## 出生

10~60 天的孵化期之后（各物种孵化时间不同），雏鸟即将出生。鸟卵破了之后，雏鸟沿着卵内皮爬行，并用爪子往外推。大多数鸟类首先伸出卵壳的通常是头部，涉水鸟类和陆地鸟类首先伸出来的是爪子。

**35 分钟**
这是一只麻雀冲破卵壳所需的时间。

**卵壳**
由碳酸钙组成，多孔，空气可流通。

### 成形

鸟分为早成鸟和晚成鸟。早成鸟，卵体积较大，孵化时间较长；而晚成鸟卵则较小。

**早成鸟**
孵化空间更大，时间更长，雏鸟发育程度更高。

**晚成鸟**
卵较小，孵化期短，雏鸟出生后更需亲鸟照顾。

**肌肉孵化**
当雏鸟准备冲破卵壳时，会向卵壳施加压力。

**卵齿**
卵齿是雏鸟喙部隆起的部分，用于啄破卵壁。并非所有鸟都有卵齿。

## 早成鸟

指那些出生时已发育良好、长满羽毛、可快速离巢的雏鸟。如鸭子，基本上一出生就跟着成鸭觅食，自给自足。一些涉禽和水鸟出生几小时后，即可独自照顾自己。

**眼睛睁开**
与晚成鸟不同的是，早成鸟出生时眼睛已经睁开。

**24 小时**
这是一只黑头鸭学会飞行需要花费的最少时间。

### 生长阶段

红腿石鸡（*Alectoris chukar*）出生几小时后，就可快速行走。两周后，即会飞行。

**羽毛**
出生时，身上长满湿润的绒羽。

**A 30 小时**
绒羽温度不变。可行走和觅食。

**B 7~8 天**
快速生长，翼尖处开始出现覆羽。

**C 15 天**
开始学会飞行，但飞行时间不长。开始吃更多的种子和花。

**D 21 天**
成年。可实现长时间飞行，开始吃植物。

**脊背上的雏鸟**
黑颈䴙䴘，出生后的前几天，栖息于母鸟的脊背上，母鸟如浮动着的巢。

**极地气候**
急剧的气候变化和刺骨的寒风造成大量幼企鹅的死亡。

## 晚成鸟

晚成鸟，指那些出生时未长羽毛、眼睛闭着且冲破卵壳力量弱小的雏鸟。出生后，它们会栖居在巢内一段时间，依靠亲鸟喂养。刚出生时，亲鸟会传递热量给雏鸟，并喂食。

**饮食**
父鸟和母鸟均须给其持续喂食。

**喙内**
一些雏鸟含有刺激性斑点，可刺激亲鸟给其喂食。

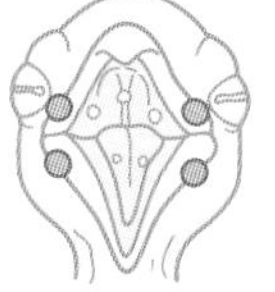

**发光区**
一些雏鸟喙内含有发光区，在黑暗中可见。

**闭着的眼睛**
晚成鸟出生时，眼睛是闭着的，几天后才能睁开。

**未长羽毛**
晚成鸟出生时没有羽毛，或者只有某些区域长有绒羽。

## 生长阶段

家麻雀（***Passer domesticus***）出生时很弱小，需要几天后才能睁开眼睛。2周后，才具备成鸟特征。

**A 25 小时**
家麻雀出生后的几小时内，几乎无法抬头乞求喂食。

**B 4 天**
睁开眼睛，可进行一些活动。开始长羽毛。

**C 6 天**
开始长趾甲，两翼也开始张开。雏鸟已能站立。

**D 8 天**
几乎全身都长满羽毛。肢体已发育良好。

**E 10 天**
羽毛遍布全身，但仍未完全发育。

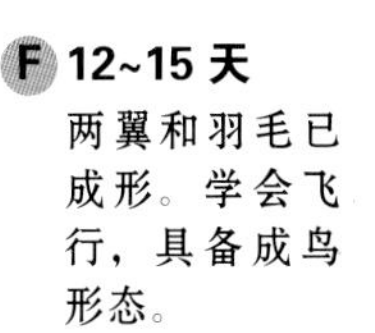

**F 12~15 天**
两翼和羽毛已成形。学会飞行，具备成鸟形态。

**12~15天**
晚成鸟通常要栖居在巢内12~15天。一些鸟甚至在巢内持续待2个多月。

# 生活习性

大部分鸟类习惯在白天活动，移动、觅食、保卫领地和繁殖；夜幕降临时，较难觅食，所以它们会休息。但是有些鸟科或鸟群仅在夜晚活动，如猫头鹰、小夜鹰、夜鹰及油鸱等，凭借一套类似蝙蝠的“回声定位”雷达系统，穿行于黑夜之中。

## 习性

鸟类与其他动物一样，也有生物钟，调节其在白天和黑夜以及一年四季中的活动。大部分鸟类在白天比较活跃，活动丰富，如划定猎物范围、觅食、打扮或是小憩一会儿。凌晨或拂晓，许多雄鸟开始鸣叫，声音更加洪亮，这也许是为了表明其存在、宣誓领地权和警告其他同系物种远离其配偶，也可以理解为迎接白天的到来。

繁殖季节中，鸟类也喜欢在阳光下求偶、交配或筑巢。夜晚来临时，大部分鸟类通常在白天活动的环境中休息。许多鸟类站立在树枝、树洞、地洞或植被丛中，头部埋在两翼中间，闭着眼睛休息。偶尔交替双足，以作为支撑。有的鸟类分开休息，也有的成群休息，使其面对捕食者威胁时，保持整体的警备状态。

但是，在任何情况下，鸟类都会保持肌肉张力，因为这可以使它们站立或悬挂在树枝上。快速眼动（*REM*）睡眠阶段时，人类一般会做梦，且每个周期持续时间为 2 分钟、10 分钟或更长；但对鸟类而言，持续时间不超过 9 秒。与哺乳动物一样，鸟类睡眠具备不同的生理功能。斑胸草雀（*Taeniopygia guttata*），澳大利亚本地雀目，其雏鸟和幼鸟在睡眠中，会温习白天从成鸟那儿学到的叫声。

那些白天活动的鸟类，偶尔也会在夜晚开展活动。比如鸭子，利用夜晚时间，从一个水塘游到附近的另一个水塘觅食，有时候可以清晰地听见它们的声音。春季，直至夜晚来临，夜莺都还在唱歌，很可能是为了呼唤雌鸟。乌鸦和

**生活习性的多样性**
各个物种在不同时刻的活动均具有其对应的独特性。

### 白天活跃

鸟类通常将一天分为不同时段，开展不同的活动。比如棕胸佛法僧一天中约有 57% 的时间在树木或电线上观察周围环境，约有 16%、12% 和 10% 的时间分别用于觅食、飞行及“打扮”，其余 5% 的白天时间用于睡觉或休息，尤其是正午——一天当中最热的时候。

**棕胸佛法僧**
*Coracias benghalensis*

**筑巢**

大部分鸟均有筑巢的生活习性。鸭子用秸秆和羽毛筑巢。

画眉（鸫属）通常在拂晓就开始鸣叫，许多城镇因此而得名。

1/3 的鸟类为了躲避寒冷会进行大规模迁徙。在此进程中，大部分鸟类选择日出之后开始迁徙，以便吸收更新鲜的空气（可减少脱水量），避免捕食者的侵扰，并利用白天时间觅食。比如白冠带鹀（*Zonotrichia leucophrys*），迁徙期间睡眠时间减少 60%。

## 夜间活动

对于其他一些鸟类而言，在夜间活动并非偶然事件。据计算，严格地说，1/3 的鸟类（可能还有更多尚未确定的）习惯在夜间活动。因为需要在夜间觅食，所以，它们通常都有更敏锐的听觉或嗅觉。比如灰林鸮（*Strix aluco*），一种以啮齿动物为食、在夜间活动的猛禽，在弱光下，其视觉敏感度是人类的 100 倍。此外，猫头鹰属的鸟类，其两翼羽毛是“特制的”，飞行时不会发出声音。它们那离散或隐秘的羽毛，便于其在环境中伪装自己。如此一来，白天休息时，便可保护自己。

## 良好的庇护所

但是除了昼夜循环会影响鸟类生活习性之外，大部分情况下，环境或气候发生剧烈变化时，其活动量也会大大减少。有时候，一股强风、巨大的热浪、暴风雨或其他大规模气象事件均迫使鸟类寻找洞穴或枝繁叶茂的大树作为避难场所。极端情形下，甚至会弃巢而去。

比如，遇到强降雨天气时，大部分鸟都停止鸣叫。不过，即使是暴风雨天气，槲鸫（*Turdus viscivorus*）也会发出独具特色的鸣叫声。

对于那些根据太阳或星星来判断迁徙方向的鸟类来说，强风或强降雨会扰乱其行进方向，尤其是对那些第一次飞行的幼鸟而言。当它们飞累时，可能会淹死在大海中，或在正常路线之外的地方停歇，直至重新找回方向。有时候，甚至会被迫偏离数百千米。

极端的气候现象通常具有破坏力。2010 年最后一晚，在美国阿肯色州约有 3000 只红翅黑鹂（*Agelaius phoeniceus*）死亡。虽然起因尚存争议，但据专家估计，可能是由高地闪电或强冰雹导致的。2011 年 3 月，日本海啸摧毁了位于夏威夷群岛环礁附近的中途岛野生动物保护区内 10 万多只信天翁雏鸟的巢穴。此外，飓风也会对鸟类产生影响，尤其是对那些在海岸边休息或筑巢的鸟。

不过，仍有一些社交鸟会聚集在一起，筑巢或觅食，成群迁徙或休息，这样就降低了个体遭受捕食者侵害的风险。

### 特殊睡眠

涉禽可在地面或浮在水面上睡觉。比如企鹅，它们可在开放性海洋中度过数日、数周甚至数月。据科学家们推测，它们白天会小憩几次，虽然尚无人观察到此现象的发生。据证实，鸭子可以睁着一只眼睛休息，以观察是否有捕食者出现。同样，雨燕夜晚可在 2000 米或海拔更高的高空中睡觉，任由空气气流拍打而不会掉落。

### 群居或独居

可以说，鸟类是极其爱好群居的动物。尤其在繁殖季节，海洋成为众多鸟类筑巢和喂养雏鸟的地方。陆地鸟中，八哥、乌鸦或食谷类鸟除外，它们通常更偏好独居。

**混合飞行**

飞行途中，普通拟八哥（*Quiscalus quiscula*）和红翅黑鹂（*Agelaius phoeniceus*）相间。

# 饮食

成千上万种已知的鸟中，尽管许多属于杂食性鸟，但仍有一些鸟的饮食习性极其特殊，只吃极少数种类的食物。比如蜂鸟，它们是食蜜鸟，几乎只以花蜜为食；或者蜂虎，拥有彩色羽毛，虽然也能捕捉在空中飞着的各种昆虫，但主要以蜜蜂为食。

**饥饿的雏鸟**
一些刚出生的雏鸟尚无觅食的能力，依靠亲鸟喂食。

## 栖息环境中的食物供应者

只要有可食动物或植物的地方，鸟类就能找到食物，比如知更鸟、鸽子或凤头距翅麦鸡等在土壤中寻找小型无脊椎动物；鹦鹉会获取果实、种子、嫩芽、昆虫、树液或皮层；涉水乌鸦沉入河流或小溪中，10~20 秒之后，沿着河床“行走”，寻觅石头下方的昆虫及蠕虫；啄木鸟寻找树皮下的幼虫及昆虫；海岸鸟将喙伸入沙及海岸或陆地淤泥中，捕捉无脊椎动物。

## 选择食物

有一些鸟的饮食习性较独特，仅选择某些物质作为食物，这样可避免与其他动物竞争食物，但其平时摄入的猎物或食物数量也易受一些潜在变化的影响。此外，根据具体需要，鸟类被迫按照季节变化来调整饮食清单。如蜂鸟，吮吸花蜜几乎是其能量的唯一来源。为了获取食物，蜂鸟每秒钟需扇动翅膀 80 次，以便停留在花冠中吮吸花蜜。但是一些蜂鸟倾向于依靠在树枝或石头上摄取食物，如普拉隐蜂鸟，这样

### 饮食频率

一些鸟类会疯狂地摄取食物，有的甚至是一秒钟抓一只昆虫；而大型猛禽一次饱腹之后，将禁食几天。雄性帝企鹅打破了饥饿记录——为期 4 个月的孵化过程中，仅依靠身体积聚的脂肪来提供能量。

**帝企鹅**
*Aptenodytes forsteri*

可以节省能量。白天，它们的耗能相当于其重量的2倍。有时候蜂鸟也会食用花丛中的昆虫或小蜘蛛，尤其是在植物花卉不太丰富的时期。

企鹅以海洋中的鱼及无脊椎动物为食。企鹅种类不同，饮食偏好不同，这就减少了同类之间的竞争。南极洲和亚南极地区的小型企鹅以磷虾和鱿鱼为食，而栖息于北部的企鹅则以鱼为食。一些猛禽，如蜗鸢（*Rostrhamus sociabilis*），主要以蜗牛为食，但最新研究表明，它们也食用螃蟹和鱼。

其他一些鸟类口味更多样化，如黄腹吸汁啄木鸟（*Sphyrapicus varius*），在树上凿孔，摄取树液和昆虫；油鸱（*Steatornis caripensis*），夜间寻觅棕榈果为食；响蜜䴕（响蜜䴕科），以蜡为食，尤其是蜂蜡，因此可作为人类和其他哺乳动物寻找蜂巢的向导。1569年，一名在莫桑比克从事神职的葡萄牙牧师在一篇文章中写到，响蜜䴕飞入教堂，吸食祭坛上的蜡烛。这是首次提及该鸟对蜡的特殊偏好。

## 进化特征

数千年以来，鸟类的形态和习性发生了许多变化，以便觅得更特别的食物，尽可能地利于其自身发展。

以种子为食的鸽子、雀、鸵鸟及其他鸟类通常也食用沙或碎石，以助于砂囊粉碎食物，并进行消化。同时，鹦鹉等也食用黏土，以中和某些果实和种子的毒性。

秃鹫以腐肉为食，它有一个腐蚀性很强的胃，可以杀死腐肉中的任何细菌。海鸟拥有特殊的腺，可以清除所摄入鱼类的多余盐分。许多鸟的外部特征也很鲜明，如鸟喙、肢体、颈部的特殊形态和尺寸、身体比例及尺寸以及肌肉组织。有些猛禽的髌骨（腿关节骨）可从一侧向另一侧交替运动，便于它们进入小且深的洞或间隙（其他鸟类难以进入）捕捉猎物。经过进化，企鹅翅膀变成了坚硬的鳍，从而非常利于企鹅追逐大洋水域中的鱼。有些蜂鸟的喙又长又弯，几乎是其身体的2倍长，以便伸入某些花卉极深的管状花冠中。此外，进化过程中，鹦鹉拥有极富特点的喙，可以打开并摄取果实和种子。上下喙均弯曲，呈细钩状，有助于切割果实和种子的保护壳。啄木鸟也拥有明显的进化特征，由于它们需要凿树，以获取树液和昆虫，所以其尖尖的喙就锚定在颅骨中，以避免受震动影响。厚厚的颅腔可吸收可能影响头部的撞击力。此外，其颈部的肌肉结构也很强壮，避免震动身体，眼皮也可保护眼睛。

多功能鸟喙

鹦鹉的喙不仅用于摄入食物，根据鸟喙的形状和力量，它们可以打破果实和种子的外壳，并用它在攀爬中抓住树枝。

### 不同的鸟喙满足不同的需求

鸟喙特征和饮食生活习性密切相关。根据鸟类的不同生存模式，鸟喙用于采集、猎取、打开、啄破及运输食物，其形状随饮食生活习性而变化。具体来讲，鸟喙具有特殊性，如蜂鸟、白琵鹭或红交嘴雀。

**鹭科**

以浅水鱼为食，喙又长又尖，利于捕捉鱼类和两栖动物。

**欧金翅雀**

和以种子为食的鸟类一样，其喙呈锥形，且坚硬，可以剥离和啄破种子外壳。

**火烈鸟**

如同一个过滤器，用压力排出水，保留小型甲壳类动物。

**乌鸦**

喙又长又厚，食物选择性广，从果实到小型哺乳动物皆可。

**蜂鸟**

喙又长又细，有助于吮吸到最深处的花蜜。

**红交嘴雀**

以松子为食。其上颌交叉，如同钳子尖端一样。

# 交流

同所有动物一样，鸟类与同一物种及其他动物之间可以相互沟通。它们不但可以通过羽毛的颜色、姿势和动作来沟通，其鸣叫声也加强了相互之间的交流。鸣叫声包括报警声（偶尔不同，视威胁类型而定）、雏鸟乞食时发出的叫声，以及繁殖季节雄鸟为吸引雌鸟而唱出的复杂歌曲。

## 歌声的作用

通常，歌声与求偶和繁殖有着密切联系。一些鸟类中，只有雄鸟会唱歌，以吸引雌鸟。这种叫声也是鸟类征占领地行为的重要组成部分，许多被称为“鸣禽”的鸟，唱歌是为了建立和保卫雏鸟的领地。为此，雄鸟常常站在某个显眼的地方唱歌，以便听者更容易定位其所在位置（比如，傍晚时分，乌鸦站在柏树高处或电视天线上唱歌）。所以，歌声被称为鸟类使用的最好的“广告”，鸟类通过发出叫声表明其存在，并使得竞争者远离，同时吸引潜在的配偶。

此外，歌声有助于团结一个集群，可以向单个个体传递信息，告知何处有食物，或者面对捕食者威胁时发出警告。有一些鸟是哑鸟，如几维鸟、鹳、某些鹈鹕和鸽子，它们没有鸣管，所以不鸣叫，但可以发出不同的声音。还有一些鸟极其健谈，如金丝雀、鹦鹉、凤头鹦鹉、金莺、画眉和麻雀，它们可以发出近 900 种不同腔调的声音，且一天最多可唱 2000 多首歌。

## 演奏曲目

鸟类是拥有最复杂发声系统的脊椎动物，它们的声音并非一成不变。大部分鸟类的歌声随季节变化而变化。一些鸟仅在繁殖季节唱歌，一些鸟早晨歌声洪亮，而一些鸟更喜欢在晚上唱歌。

它们的歌声类型极其丰富。有时只是一种单调的重复，有时却由大不相同的几段歌词组成。一些擅长歌唱的鸟，如一种被称为华丽琴鸟（*Menura novaehollandiae*）的澳大利亚雀形目鸟类，可模仿照相机拍照时发出的机械声或铃铛声，且惟妙惟肖。同时还可以通过简短的叫声或尖叫，向其他鸟类发出信号或通知。鸟类的歌声是悠长、相当复杂却易懂的，而其叫声却是天生的。

但是，鸟类的世界中，语言并非只有一种，而是丰富多样的。比如，不同类型或子目的雀鸦之间拥有多种自有语言，两地相隔几百千米，语言差异就很明显。甚至父鸟可通过聆听声音和歌声的微妙差异，在数千只鸟中找出其幼鸟。

## 其他交流方式

### 姿势

白鹳没有鸣管，是哑鸟。但是它们通过姿势及快速活动其又长又尖的喙发出的震颤响声来进行交流。求偶季节中，它们抵巢时也用这种方式来打招呼。

### 噪声

啄木鸟通过凿树时发出的击打声来进行交流。当穿行于森林中时，它们用这种方式来与其配偶交流。夜鹭则通过用肢体拍打土壤发出声音来进行交流。

## 鸣管

鸟没有声带，但有一个发声器官，即鸣管。它位于气管下方。歌声的质量及复杂程度与该器官的肌肉数量和软骨环有关。雀形目鸟（约为已知鸟种的一半）鸣管发育更佳，因此可以唱出更复杂多样且悠扬的歌声。

**教学**

鸣禽从其亲鸟处学习唱歌。雏鸟受哪一种类的亲鸟喂养，就会像哪种亲鸟一样唱歌。

**扑动**

有的鸟通过扑动翅膀进行交流。比如，许多鸭子成群地在黑暗或半黑暗区行走时，为了避免互撞，它们会扑动翅膀，发出尖锐有力的嗡嗡声，确保各成员之间拥有听觉接触。

**羽毛**

繁殖季节，鸟类更换羽毛。求偶时，耀眼醒目的羽毛色彩吸引着异性。比如，孔雀快满3岁时，就可展开所有羽毛，且每年都会换一次羽毛。

# 迁徙

全球各地的各个物种，为了寻找更好的气候环境及可用资源，都会进行周期性的长途迁徙。有的成群迁徙，有的独自迁徙。各物种为了进行迁徙，调整自身，并产生生理变化，如大幅降低体重。

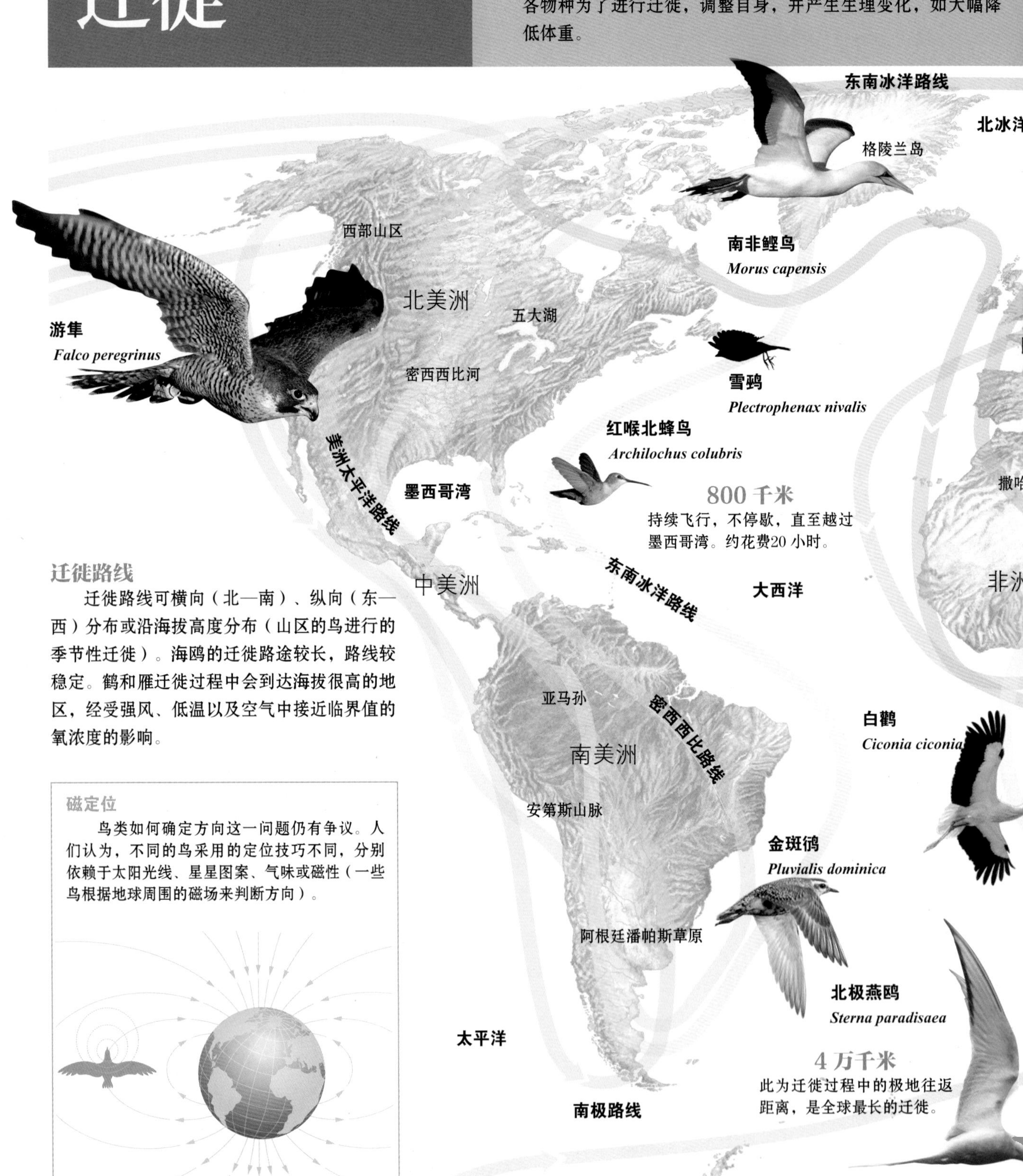


### 迁徙路线

迁徙路线可横向（北—南）、纵向（东—西）分布或沿海拔高度分布（山区的鸟进行的季节性迁徙）。海鸥的迁徙路途较长，路线较稳定。鹤和雁迁徙过程中会到达海拔很高的地区，经受强风、低温以及空气中接近临界值的氧浓度的影响。

### 磁定位

鸟类如何确定方向这一问题仍有争议。人们认为，不同的鸟采用的定位技巧不同，分别依赖于太阳光线、星星图案、气味或磁性（一些鸟根据地球周围的磁场来判断方向）。

**信天翁的迁徙**

一些信天翁从北极圈附近的栖息地向数千千米远的厄瓜多尔迁徙。

**迁徙时间提前**

全球变暖可能会促使杂色鹟等鸟类的迁徙时间提前到来。

**1000**

每年都有数以百万计的鸟聚集在死海谷地，亚洲、欧洲和非洲迁徙路线在此交汇。

## 飞行模式

成群结队地飞行使得鸟在拍打飞行模式下，可消耗较少能量。飞行过程中，领头鸟将遭受大部分阻力，其余鸟则利用由此产生的紊流飞行。

**"V"字形飞行**

鸭子、雁和苍鹭常常采用"V"字形飞行模式，排成两列，一只鸟位于顶点处。

**"L"字形飞行**

此飞行模式下，领头鸟需使出更多力量，划破气流前进。当一只领头鸟休息时，将由另一只鸟取代。

# 生态作用

因为各种具体的特殊理由，地球上的所有个体，构成了这个至今尚未被完全了解的全球性机制的一部分。比如，许多鸟类作为生物调节器，调整着食物金字塔中许多物种的数量。其他一些鸟类则在许多植物种子传播过程中起着根本性作用，同时，还有一些鸟像蜜蜂一样扮演着授粉者的角色。

**病虫害防治**

夜猛禽，如乌林鸮（***Strix nebulosa***），有利于控制老鼠的数量，否则老鼠将会无限扩张。

## 鸟在栖息环境中所起的作用

同所有生物一样，鸟类在其栖息环境中起着重要作用。我们已知的“生态位”是一个物种所处的环境或多个物种同居的区域。此处，所有的机体，无论是活的还是死的，都是其他生物的潜在食物源。这些处于同一生态系统中的不同组织相互关联，形成了食物链或营养链。它们几乎存在于世界的各个角落，引领着多种生存策略的进化，并扮演着各种各样的角色：授粉者（蜂鸟）、捕捉和消灭害虫者（隼、鹰、猫头鹰）、消除腐烂动物者（秃鹫）或分散及传播种子者等。鸟食用昆虫、小型哺乳动物、种子和植被；同时，也是其他一些动物的猎物，如蝰蛇、狐狸、小型猫科动物等。并非所有鸟类的饮食结构都相同，所以生物学家们对其进行了“分类”，如食肉鸟、食谷物鸟、食蜜鸟、食果鸟、杂食鸟、食陆地昆虫鸟、食空中昆虫鸟、食树干昆虫鸟等。

## 控制其他动物的数量

猛禽，如猫头鹰、栗翅鹰和老鹰等，调节控制着老鼠和昆虫的数量。作为自然捕食者，提高了老鼠和昆虫的死亡率。虽然很难仅靠其自身去消灭一个物种（可能成为有害生物），但多种鸟类对食物链的平衡起着根本性作用。其中突出的有猫头鹰，猎食中，飞行不会发出声音，以至于猎物几乎察觉不到，这有助于其捕捉猎物。据估算，仓鸮（***Tyto alba***）平均每年消灭400只老鼠。因此，保护这些鸟类有利于维持生态平衡。

### 授粉者

同蜜蜂一样，蜂鸟等鸟类用其又长又细的鸟喙，将花粉传送到一朵又一朵花中。数千年以来，慢慢形成一种协同进化现象，鸟类光顾过的花朵，失去了香味，而它的授粉者嗅觉并不十分灵敏，花朵凭借红色、橙色或黄色等鲜艳的颜色来吸引授粉者，以便其更容易发现它们。因此，阔嘴蜂鸟（*Cynanthus latirostris*）等常常被色彩鲜明、富含蜜糖的杯状大花吸引。虽然 90％多的花卉植物是通过昆虫授粉的，但鸟类也加入了授粉过程，约有 900 种鸟为 500 种（共 1.35 万种）维管植物授粉。

### 消除腐肉者

食腐鸟所起的重要作用之一是回收利用，如秃鹫，无须捕猎来获取食物，而是直接食用动物尸体或腐肉。毫无疑问，生物界中需要这类物种来完善营养链，消灭自然中存在的其他动物尸体，避免疾病传播。它们飞行时并不消耗太多能量，因此为了发现动物尸体，可以进行长途飞行。

抛开它们阴沉恐怖的一面不说，这些动物使得西班牙每年不必焚烧数千吨动物尸体（如牲畜尸体），相当于每年节省 9000 个炉灶的成本，并避免了向大气中释放 19.3 万吨二氧化碳。

### 施肥者

气候干旱或缺水地区，积聚的鸟粪因其富含氮和磷（两种植物代谢所需的基本化学元素），是很好的天然肥料，可用于农业耕种且不会对环境造成污染。

### 播种者

鸟和植物之间的作用是相互的，二者均受益。食果鸟是高效的种子运输者，尤其适于长途运输。实际上，它们是温带地区最重要的播种者。某些果实的种子可被运到距其生长地很远的地方，这就使这些植物可在遥远的地方再生，同时，还有利于植物在同类竞争者、捕食者更少的地方扎根发芽。

食果鸟通常食用果肉，然后通过排便将保留在胃液中的种子排出。比如，美丽枕果榕（*Ficus drupacea var.*），结出的果实含有数百粒小种子。鸟可以将其整个或部分吃掉，在这两种情况下，种子都经过鸟的消化系统，抵达具备恰当条件的地方，并在此发芽生长。一些植物还会结出色彩鲜艳的果实，吸引动物的注意，以便传播种子。

## 工程师和建筑师

同其他动物一样，鸟类通过多种多样的方式来调节环境：生产结构，改变所在地物质及生成新生态位。

一些鸟，如啄木鸟，在树上凿洞作为巢穴。当它们离开时，其他物种又可将其加以利用。

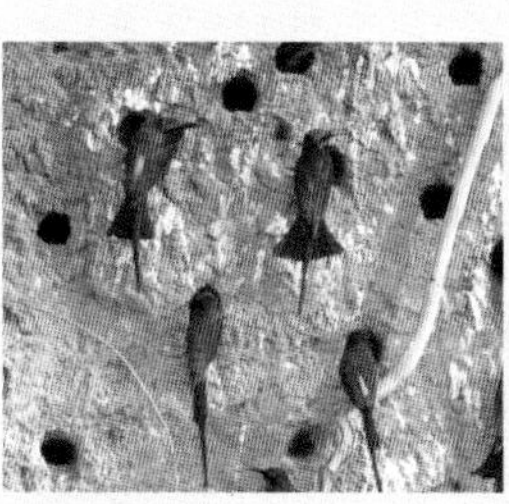

**悬崖绝壁**

地面上的巢穴削弱了整条沟壑。

**树上的孔**

啄木鸟在树上凿的孔，被其他物种利用。

**水中**

水面上浮着的巢穴为幼虫和两栖动物提供了住所。

# 濒危鸟类

自16世纪起，全球已有近150个鸟类物种灭绝了。如今，有多个物种在最近几十年里消亡，2000多个物种处于濒危状态。大部分国家均有一种或多种鸟类濒临灭绝。其主要原因在于森林砍伐和农耕扩张，导致野生栖息环境遭到破坏和毁灭。

## 现状

如今，世界自然保护联盟采用“红色名录”这一有效工具，来对全球濒危物种进行分类。该组织评估了9920个物种，其中有2096个灭绝物种、1253个濒危物种、843个近危物种。此外，有4种为野外绝灭物种，它们是否可以继续存在取决于人类。也就是说，须针对全球接近1/4的鸟类，采取紧急保护行动。自16世纪起，根据记录，已有132个物种灭绝。由于评估灭绝物种存在困难，很可能上述数据无法反映真实情况，实际灭绝的鸟类可能超出记录值。实际上，那些被评为极危物种的已经灭绝了。基于这些理论，据估计，自16世纪以来，已有151个物种灭绝了。

### 环境友好型农业

近些年来，人口增加，导致农业生产增加，这也是构成威胁鸟类多样性的主要因素之一。满足生产需求，同时保护野生环境，这是新世纪的一大挑战。

不可持续的农业对87%（1065种）的濒危鸟类造成了影响。

## 近期灭绝

20世纪后期，灭绝的物种数量增加，已有19个物种灭绝了。根据记录，小蓝金刚鹦鹉（*Cyanopsitta spixii*）于2000年末灭绝；夏威夷乌鸦（*Corvus hawaiiensis*）于2002年6月灭绝；毛岛蜜雀（*Melamprosops phaeosoma*）于2004年11月灭绝。几乎全球所有国家都有一个或多个濒危物种。最突出的要数巴西（拥有122种濒危鸟）和印度尼西亚（拥有120种濒危鸟）。具备较高风险的地区为热带安第斯山脉、巴西热带雨林、喜马拉雅山脉东部、马达加斯加东部以及亚洲东南部。森林砍伐和由商业延绳钓捕鱼导致的信天翁和鸌死亡，对东洋界地区造成了严重影响。近一半的濒危鸟栖居于小岛上。受影响的主要海域有塔斯曼海和新西兰附近海域。63%的濒危鸟仅能栖息于一个国家。但是多种鸟分布于多个国家。比如，有17种鸟遍布于30多个国家。这使得一些国家肩负着特别的保护责任，但同时也需要全球各个国家的共同努力。

## 栖息环境及威胁

濒危物种大多栖息于森林里以及灌木丛、湿地、草原和海洋中。87%的濒危鸟类栖息地减少，原因在于森林砍伐和农业面积扩大。此外，还有其他原因，如直接食用、贩卖鸟类或将其用于体育实践。其他最主要的威胁为城市化发展、入侵物种扩张（尤其是捕食者）、污染和采用延绳钓等捕鱼技术。在印度尼西亚和澳大利亚，火灾等自然机制的变化也导致许多鸟类数量减少。

## 保护活动

庆幸的是，近些年来，无论是业余还是专业的鸟类观察员（统称为“鸟类学家”），其人数已成倍增长。正是有了他们，我们才更加了解鸟类及其数量发展趋势。一些鸟类学家隶属于某些组织，另一些是自由爱好者。如今全球已开展了成百上千个鸟类及栖息环境保护项目。国际鸟类联盟是一个全球性组织，它涵盖并协调大部分国家的政府组织，旨在协同各方，开展保护鸟类和环境的活动。迁徙物种或海鸟的保护项目均受到高度重视，大量各方人员均参与其中。

### 延绳钓

将长长的带着钩子的线抛向大海中数百米的地方。靠近觅食的鸟则被鱼钩钩住或被鱼线缠住。这是目前这些鸟面临的主要危险之一。

## 威胁

世界自然保护联盟的最新报告中，针对 9920 个物种进行了评估，其中 1253 个物种濒临灭绝，占全球鸟类的 12%。主要原因在于农耕面积扩张、城市化中心数量增加、大型基础设施建设、狩猎和采集活标本、物种不合理开采（用作消耗品、体育实践或被当作害鸟）、不受监管的旅游业、污染以及外来物种入侵等，导致栖息地发生变化或消失。

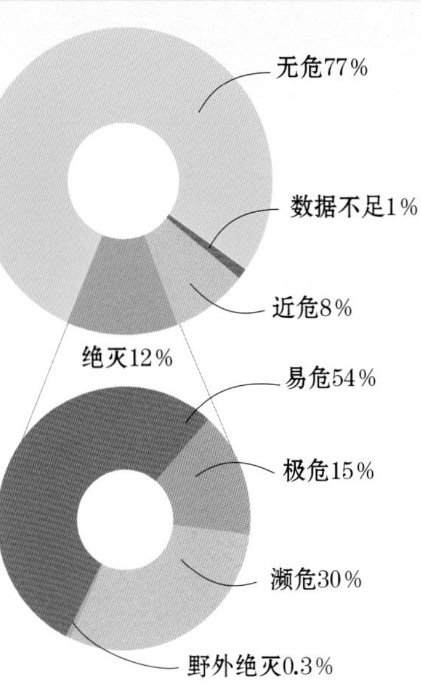


### 西班牙雕
*Aquila adalberti*

它们的数量已减少为 200 个繁殖对和幼鸟。世界自然保护联盟将其评为易危物种。它们面临的主要威胁是中毒、触电和食物缺乏。

### 黑冠鹭鸨
*Ardeotis nigriceps*

2011 年被评为极危物种，现仅存 250 只。

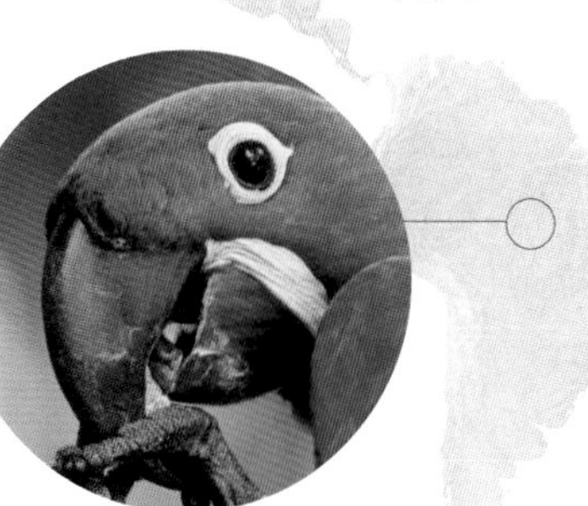

### 黑冕鹤
*Balearica pavonina*

由于栖息地减少，其被捕捉用于饲养或非法贩卖，被评为濒危物种。

### 紫蓝金刚鹦鹉
*Anodorhynchus hyacinthinus*

栖息地减少及非法捕捉贩卖，导致紫蓝金刚鹦鹉数量急剧下降，因此被评为濒危物种。

### 鸮鹦鹉
*Strigops habroptilus*

世界自然保护联盟将其评为极危物种，在新西兰遭受人类活动威胁。截至 2009 年仅剩 124 只。

# 北太平洋信天翁

▲ **垃圾遍布**

在夏威夷海滩中毒而死的信天翁的胃中发现了塑料袋、包装罐等各式各样的废弃物。栖息环境被污染是它们面临的严重威胁之一。

▼ **保护措施**

除了尝试保持海岸清洁之外，保护组织还关注黑背信天翁的统计情况。图中，一名调查人员正在为一只刚进食完毕的雏鸟称重。

▶ **威胁：捕食者**

在夏威夷群岛，黑背信天翁面临的天然死敌仅有鼬鲨（*Galeocerdo cuvier*）。当幼鸟才开始涉足海水时，鼬鲨便对其发起进攻。对于其他地区分布的信天翁，如栖居于墨西哥海岸的黑背信天翁，渡鸦莫哈韦亚种（*Corvus corax clarionensis*）则是主要威胁之一。其他引进天敌，如犬、猫和猫鼬等，也对这些鸟的生存带来了影响。

近些年来，黑背信天翁的处境恶化，数量下降。若情况没有好转，它们将会成为世界自然保护联盟红色名录中的易危物种。

为了预防此种情况发生，必须采取保护措施，包括限制捕鱼和数量监管。除了捕食者的威胁之外，沙滩上遍布的垃圾也是其面临的一大威胁。

# 走禽

一些鸟失去了飞行能力，经过进化，已完全适应陆地环境，有的甚至变成优秀的奔跑者。另外一些虽然可以在空中飞行，但更倾向于在地面上行走而且更灵活，比如鸵鸟、美洲鸵鸟、几维鸟、鹤鸵、凤头鹎、鹎鸟等。

# 什么是走禽

0.5%的鸟类失去了飞行能力，在地面或水中活动。其主要特征为翅膀退化、弱化或演变，有些鸟的体形明显增大。大部分走禽均为动作异常迅猛的陆地鸟，如鸵鸟、鹤鸵、鸸鹋、美洲鸵鸟和几维鸟等。

## 解剖结构

为什么有些鸟类放弃了飞行？进化论的解释是，鸟类在没有迫使其必须选择飞行的压力影响时，无须保持适合飞行的身体构造，如大块带龙骨突的钙化胸骨以及发育良好的胸肌。秧鸡科中（一种中小型水鸟科，包括水鸭和黑水鸡等），有些鸟类已不会飞行，它们栖居于无捕食者侵扰的小岛，数千年以来无须依靠飞行来躲避威胁。

走禽前肢退化或已不具备相关飞行功能，比如保持重心、逃跑过程中允许突然改变方向或求爱时展示自己。相反，后肢骨头和肌肉健壮有力，比如非洲鸵鸟（*Struthio camelus*），腿部肌肉占总重的1/3（对比而言，人体双腿占全身重量的17%~20%）。另一区别体现在胸骨上，走禽胸骨位于胸部，连接肋骨，是平的，没有会飞行和浮游的鸟所拥有的龙骨突。此外，走禽的尾巴和飞行羽毛均已退化，仅仅作为装饰。同时走禽通常没有飞行时加强呼吸功能的叉骨（被称为“运气之骨”），叉骨坚实而富有弹性，由强化肋骨的两条锁骨融合而成。

**大走禽**

鸵鸟是所有鸟类中最高且最重的。后肢只有两趾，这是有别于其他鸟类的显著特征。

### 冢雉科

冢雉科的典型特征为爪子大。生活在雨林下层，用爪子刨土，垒土堆，作为巢穴。澳洲丛冢雉（*Alectura lathami*）则属于此科。

## 走禽

属于平胸总目（指胸骨平的鸟，用以与其他龙骨突起的飞禽及游禽区分），它们的前肢（两翼）退化或者不具备飞行相关的功能。后肢（爪）肌肉强劲有力，骨头坚实有劲。

鸵鸟属于典型的鸵形目鸟。美洲鸵鸟属于美洲鸵鸟目，形态较小，拥有三趾。鹤鸵目鸟拥有头盖骨，穿行于植被之间时，起保护作用。无翼鸟目鸟每只脚上有四趾。

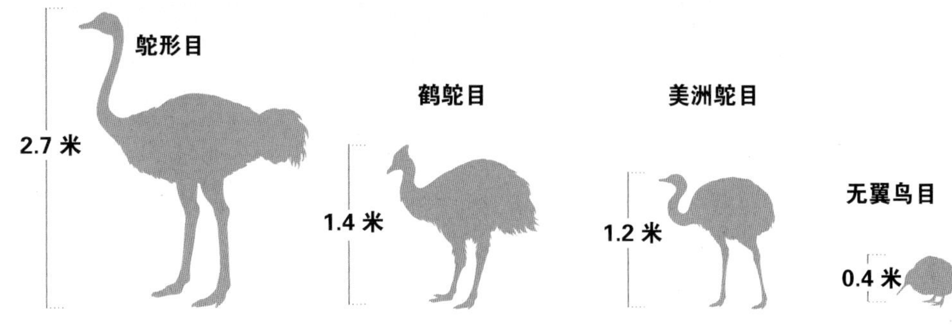


### 运动

平胸总目鸟的运动系统与两足哺乳动物类似，跳跃式走、跑或前进。一般而言，鸵鸟移动速度记录为：跑步速度约为 50 千米/时，但距离短时，速度超过 70 千米/时（比赛马或猎犬的平均速度还快），20 分钟内，可保持该速度不变。相比而言，那些会飞行的鸟中，在地面移动速度最快的要数走鹃（*Geococcyx*），在墨西哥和美国的大沙漠中，其速度可达 40 千米/小时（相当于受过训练的专业人员跑步时平均速度的最大值）。鸵鸟及其他平胸总目鸟奔跑时通常是为了远离捕食者或追赶、捕捉蜥蜴和小型啮齿动物。当无法通过奔跑来保护自己时，它们采用另一种有效方式，即用爪子踹开攻击者，其力道强劲，足以杀死一头狮子。求偶季节，强壮有力的爪子也有助于其征服雌鸟。

### 食物

平胸总目鸟类的饮食模式与消化道器官的伸缩和分布有关。它们的脖子长且灵活，有助于获取各种食物。鸵鸟和美洲鸵鸟大多是草食动物，以种子、果实、草、树根、树叶和灌木为食。但也食用小昆虫，偶尔还食用两栖动物和爬行动物。为了促进消化，它们也摄入小碎石，以帮助砂囊磨碎食物。一只成年鸵鸟一天摄入的植被量超过一头奶牛，鸵鸟和奶牛摄入的食物量占体重比分别为 7.5% 和 2.5%。野生环境中，鸸鹋（***Dromaius novaehollandiae***）摄入的食物中，叶子占 90%（食用植物最富营养的部分），种子占 9%，其余为果实、昆虫和小型脊椎动物。几维鸟（几维鸟属）是杂食性鸟，偏好用其长长的鸟喙在枯枝败叶中寻找甲虫、蜘蛛、蠕虫、昆虫幼虫、蜗牛和蛞蝓来食用。它们是唯一一种拥有夜行生活习性的平胸目鸟。

### 繁殖

大部分平胸总目鸟中，雄鸟负责在巢中孵卵及照顾雏鸟。鸵鸟则是一个例外，由雌雄鸟共同负责孵卵及照顾雏鸟，雄鸟负责夜间孵卵，而雌鸟则负责白天孵卵。平胸总目鸟大多群居（成群合住），每窝产卵数量不定，从 1 枚（几维鸟）到 20 枚或更多（鸵鸟和美洲鸵鸟）。卵的体积通常比较大，如此方可容纳雏鸟。

### 其他走禽

鴂鸟是美洲鸟，与欧洲石鸡相似。虽然它们的胸骨含龙骨突，翅膀具备飞行所需的灵活性（易疲倦，且几乎只在为了逃离紧急危险的情况时才飞行），但它们属于走禽。此外，还有 260 多种鸡形目鸟的胸骨含龙骨突，如鸡、火鸡和雉，它们的爪子适合行走、奔跑和刨土，仅在极端情况下急速飞行。其他活跃于地面的还有火鸡（比如白火鸡）、叫鹤科鸟及许多海鸟和走鹃的两个亚种。

**强壮的爪**

原鸡（***Gallus gallus***）的爪子强劲有力，几乎具备所有鸡科鸟（主要是陆地鸡）的特征。

# 鸵鸟及其近亲

**门：脊索动物门**
**纲：鸟纲**
**目：平胸目**
**科：5**
**属：6**
**种：12**

与其他鸟类不同的是，走禽无龙骨突，或骨头未附着发达的飞行肌。现分为美洲鸵目、鸵形目、鹤鸵目和无翼鸟目。除了几维鸟之外，大部分鸟体形较大，肢体长且壮，适合快速奔跑。一妻多夫制，一只雌鸟可与多只雄鸟交配，以繁殖后代，这种现象在鸟类中比较少见，但在走禽中较为常见。

*Casuarius casuarius*

## 双垂鹤鸵

体长：1.3~1.7 米
体重：80 千克
社会单位：独居、群居
保护状况：易危
分布范围：新几内亚岛、印度尼西亚、澳大利亚和塞兰岛（此处很可能为引入品种）

双垂鹤鸵，一般大且健壮，颜色通常为黑色，头部和颈部为明亮的蓝色，拥有两个长度不一的肉冠，后颈部分呈红色。头部有一形似头盔的隆起部分，即骨盔。相比雄鸟，雌鸟的骨盔更大。幼鸟呈棕褐色，皮肤带纹路，其骨盔几乎才刚刚开始生长。

它们属于独居动物，不会飞行，常栖居于雨林内，虽然也时常活动于临近的森林和田地中。主要以地上的果实为食，也食用小型脊椎动物、无脊椎动物和菌类。

实行一妻多夫制（一只雌鸟与多只雄鸟交配）。在地面落叶上筑巢，雌鸟在此产下 3~5 枚绿色卵，颜色由浅至深。雄鸟负责孵卵及喂养雏鸟。狩猎及栖息地的破坏是其目前面临的两大主要威胁。

**交流**
裸露部分皮肤的颜色随其心情状态变化而变化。

小贴士
鹤鸵的腿强劲有力，爪子大。通过跳跃及用腿踹来保护自己。

*Casuarius unappendiculatus*

## 单垂鹤鸵

体长：1.2~1.5 米
体重：80 千克
社会单位：独居、群居
保护状况：易危
分布范围：印度尼西亚和巴布亚新几内亚

单垂鹤鸵与双垂鹤鸵相似，但体形更小，只拥有一个蓝色或红色的小肉冠。骨盔的主要功能是保护其穿行于植被丛中时，免受伤害；觅食过程中，也可用骨盔拨开地面的枯叶。

幼鸟呈浅棕褐色。主要以果实为食。栖居于低地，偏好那些河流冲击而成的平原。捕猎（用于食用和当作吉祥物）及栖息环境破坏是其面临的主要威胁。

*Dromaius novaehollandiae*

## 鸸鹋

体长：1.5~1.9 米
体重：30~55 千克
社会单位：独居、群居
保护状况：无危
分布范围：澳大利亚

鸸鹋的颜色从暗褐色到灰色皆有，颈长，肢体长且强壮，有三趾，适于奔跑。面部、头上部及后颈呈黑色。雄鸟面颊和颈部呈天蓝色，雌鸟呈黑色。栖居于海拔不同的森林和草原等地区，属于群居和杂食性鸟。在地面凹陷处筑巢，最多可产 15 枚卵。因其为杂食性鸟，所以无危；但是随着殖民者来到澳大利亚，已有两种原生鸸鹋灭绝（共 3 种）。

*Apteryx australis*

## 褐几维鸟

体长：50~60 厘米
体重：1.4~3.8 千克
社会单位：独居、群居
保护状况：易危
分布范围：新西兰

褐几维鸟的身体呈圆形，颜色从灰褐色到红褐色皆有，喙长且弯，呈乳白色或粉红色。

栖居于各种环境中，如沿海沙丘、草原及草木丛等。

拥有夜行的生活习性，主要以无脊椎动物为食，虽然也食用果实、种子和叶子。凭借其敏锐的嗅觉探知食物，并用长喙来捕捉。夜晚来临时，雄鸟发出的声音尖厉且抑扬顿挫，而雌鸟发出的声音则短促粗重。

引进的犬类和鼬科动物猎食褐几维鸟的卵和雏鸟，因此大大减少了其数量。

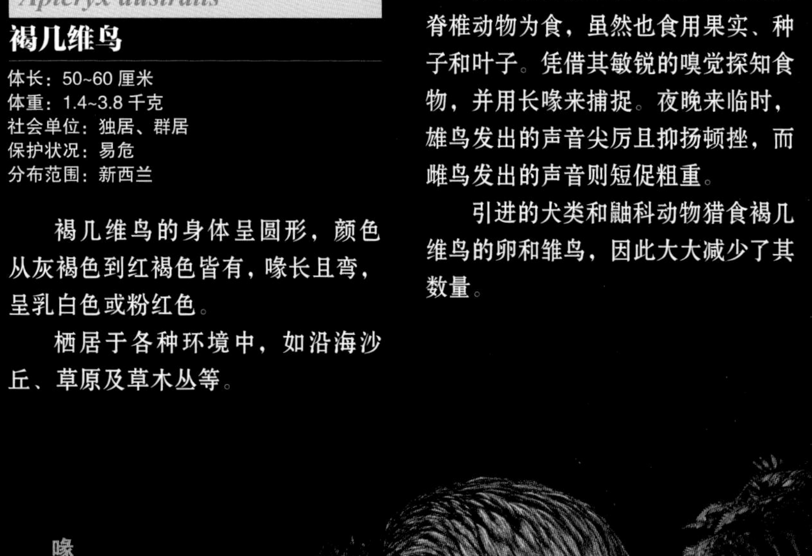


*Rhea americana*

## 大美洲鸵

体长：1.27~1.4 米
体重：20~25 千克
社会单位：独居、群居
保护状况：易危
分布范围：阿根廷、巴西、玻利维亚、巴拉圭和乌拉圭

大美洲鸵整体呈灰褐色，颈部的冠和胸部呈黑色。栖居于潘帕斯草原、查考和色拉多生态保护区。属于杂食性鸟，主要食物包括种子、果实及昆虫，有时也食用爬行动物和小型哺乳动物。临近水域繁殖，一夫多妻制，一只雄鸟与多只雌鸟交配，所有这些雌鸟均在同一个巢穴处产卵。

*Pterocnemia pennata*

## 小美洲鸵

体长：0.9~1 米
体重：15~25 千克
社会单位：独居、群居
保护状况：易危
分布范围：阿根廷、智利和玻利维亚

小美洲鸵与大美洲鸵相似，但体形较小，整体呈灰色，颈部和胸部基本全无黑色，背部带斑点的羽毛呈白色。幼鸟与成鸟相似，但无斑点。栖居于巴塔哥尼亚草原以及临海区域和安第斯及普纳海拔高达 4500 米的高原，因此通常又被称为达尔文美洲鸵。一些调查员认为，其特殊性非常明显。

多只雌鸟可在一个巢穴中产卵，雄鸟负责孵卵，为期近 40 天。雏鸟出生时，快速离巢，也就是说，这种雏鸟为早成鸟。幼鸟 3 岁时性成熟。

*Struthio camelus*

## 非洲鸵鸟

体长：1.75~2.75 米
体重：90~156 千克
社会单位：群居
保护状况：无危
分布范围：非洲中部和南部

**大眼睛**

眼睛是陆地动物中最大的：直径5 厘米。

它们是一种典型的鸵鸟。属于半游牧鸟，常常进行长途奔跑，寻觅草及其他植被类食物。通常雌雄鸵鸟混合，成群活动。

### 生活习性

雄鸟竞争领地和社会等级地位，通过攻击性的展示，或必要时，通过争斗来获得配偶。获胜者占领领地，并赢得多只雌鸟。

### 繁殖

发情期时，雄鸟通过自我展示来吸引雌鸟，期间雄鸟皮肤及色彩较以往更加明亮鲜艳。多只雌鸟（多达 30 只）共用一个巢穴。孵化期长达 40 天，雄鸟负责孵卵并喂养雏鸟。

**和水的关系**

鸵鸟喜水，并经常洗澡。但是却可长时间内不喝水。

### 带翼的平胸目鸟

它们是现存的最大且最壮的鸟。肢长且壮，是所有平胸目鸟中奔跑最快的，最高速度可达70 千米/小时。其耐力超过了大部分哺乳动物，它能保持奔跑速度为 50 千米/小时超过 30 分钟。这一特点弥补了其不会飞行的不足。

**高度**

雄鸟一般高度为 2.1~2.75 米。一些雄鸟将近3 米。雌鸟高达1.9 米。

2.75 米
1.80 米

**3~5 米**

鸵鸟成鸟奔跑时，每迈一步的距离为3~5 米。

鸵鸟奔跑速度很快的原因是其具备的弹跳能力，每一步，相比人类而言，肌腱节省了两倍能耗，因此相同速度下节省一半耗能。与其他动物相比，鸵鸟奔跑速度超过了多种哺乳动物

长颈鹿 32 千米/小时
袋鼠 [illegible]
鸵鸟 70 千米/小时
叉角羚 [illegible]

与其他飞禽独有的特征不同，鸵鸟羽毛无小钩，无法生成羽片，因此鸵鸟羽毛较蓬松。
羽轴
羽根
羽枝和羽片
小头
相比体形大小而言，头部较小，眼睛占据了头部大部分面积。
颈
颈长、裸露且极其灵活。不同鸵鸟颈部颜色各异（肢体也如此）。
鸵鸟颈部有18根颈椎。
胸部
鸵鸟等平胸总目鸟的典型特征之一即为胸骨扁平。相比飞禽和游禽突起的龙骨而言，扁平的胸骨较小且灵活性低。
扁平的胸骨
不会飞行的翅膀
相比体形大小而言，翅膀较小且已退化，失去了飞行能力。
肌腱
趾
趾骨
鸵鸟肢体与其他鸟类不同，却与许多行走性哺乳动物相似。具备史前特征，只有两趾。内部更宽，趾甲大，用以攻击。
肢体
鸵鸟肢体很长，并且因其拥有强健的肌肉结构和粗壮的骨头，肢体也非常强壮。
趾垫
趾甲
足垫
防御机制
面对捕食者或其他危险时，鸵鸟除了逃跑之外，还采取策略进行攻击，以保护自身。
藏匿姿势
身体和颈部紧贴于地面上，敌人几乎无法察觉到它。从远处看，就好像一个土丘。
捕食者警示
鸵鸟身材高且视力佳，可发现远处的捕食者，如猎豹、狮子、非洲野犬。
强有力的一脚
用其大爪子，向狮子或其他强大的捕食者发出猛烈的一击。

# 鴂鸟及其近亲

门：脊索动物门
纲：鸟纲
目：鴂形目
科：鴂科
种：47

鴂鸟被称为美洲"鴂"，包含9属47种，主要分布在南美洲和北美洲。属于陆禽、走禽，可进行短距离的飞行，飞行时发出噪声。羽毛颜色从深灰色到棕色皆有，带斑纹。叫声尖厉，其程度随物种不同而不同。一夫多妻制，雄鸟负责孵卵。雏鸟为早成鸟。

*Tinamus solitarius*

## 孤鴂

体长：42~53厘米
体重：1.2~1.8千克
社会单位：独居
保护状况：近危
分布范围：南美洲东部

栖居于海拔高达1200米的密西昂奈斯雨林及大西洋雨林环境潮湿的森林中。偏爱保护完好的开放性林下层。奔跑速度快，一般很难见到它们，通常是极为安全的环境才能见到。夜幕降临时，会发出典型叫声，即三声长长的、清亮且悠扬的哨声。头部和背颈部呈褐色，颈部带细赭色斑纹。背部呈橄榄灰色，带微黑色条纹。身体后部分颜色从橄榄色到铁锈色皆有。在树上及灌木丛中睡觉。据估计，每只鴂鸟在森林中所占领地面积达30公顷。有两个亚种，其中北方孤鴂处于极糟的保护状态。

赭色线条
从眼睛处至颈部

微黑色条纹
与脊背部发亮的褐色相互交错。

**保护**

1971年，已记录的北方孤鴂有100只。至今无更新且无更翔实的相关信息。由于农耕面积扩大及城市化加剧，森林面积减少，影响了这些物种的生存。现于阿根廷及巴西保护区可发现该类物种。

*Tinamus tao*

## 灰鴂

体长：42.5~49厘米
体重：1.3~2.08千克
社会单位：独居或成对居住
保护状况：无危
分布范围：南美洲

灰鴂是最大的鴂之一。身体大部分呈灰色，但头部和背部带微黑色条纹，腹部呈桂皮色，头部和颈部还带有白色斑纹。共有5个亚种，其大小、颜色和背部条纹各异。栖居于安第斯东部地势较低的潮湿森林、次级密林及巴西色拉多长廊雨林中。在干燥的地面，视力可达1900米。属于杂食性鸟。在哥伦比亚，灰鴂繁殖季节为1~3月；在委内瑞拉，繁殖季节为6月。通常在树木凹陷处筑巢。可在同一巢穴产下2~9枚绿蓝色或绿松石色的卵。雄鸟负责孵卵及照料雏鸟，直至它们具备离巢能力。

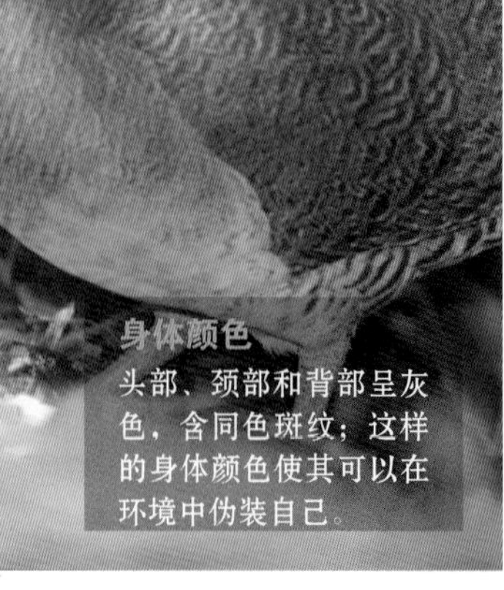

身体颜色
头部、颈部和背部呈灰色，含同色斑纹；这样的身体颜色使其可以在环境中伪装自己。

*Tinamus major*

## 大鹎

体长：44 厘米
体重：1.1 千克
社会单位：独居
保护状况：无危
分布范围：中美洲和南美洲北部

大鹎背部颜色从橄榄色到褐色皆有。腹部和喉部呈微白色，侧翼带黑色条纹，尾巴后部呈桂皮色。冠和颈部呈棕色，冠顶微黑。栖居于热带和亚热带湿润雨林、沼泽林和海拔高度达 1500 米的大山中。黄昏时，唱出强烈颤动的音符。雌鸟平均每次可产 4 枚卵，个儿大，色彩艳丽，从蓝到紫皆有。雄鸟负责喂养雏鸟，喂养期为 3 周。随后，雄鸟将寻觅其他雌鸟繁殖后代。雌鸟可与 4~5 只雄鸟交配。属于杂食性鸟，食物包括种子、果实、昆虫、蜘蛛、小蜥蜴和两栖动物。

*Crypturellus tataupa*

## 塔陶穴鹎

体长：22~25 厘米
体重：350~480 克
社会单位：独居
保护状况：无危
分布范围：南美洲

塔陶穴鹎是常见的森林鹎之一。脊背部呈深紫色，喉部呈白色，头部、颈部和胸部呈浅灰色，腹部呈赭色。腿和腹部的上方拥有特别的呈鳞状的羽毛。爪子和喙部颜色偏红。分布广泛，但常见于干燥的森林环境中。食物包括掉落的果实、嫩芽和嫩根及无脊椎动物。每个巢穴中，与雄鸟交配的雌鸟可多达 4 只，它们在此产卵。亲鸟喂养雏鸟的时间为 2~3 周。

*Nothocercus bonapartei*

## 高原林鹎

体长：38 厘米
体重：850 克
社会单位：独居
保护状况：无危
分布范围：南美洲西北部

高原林鹎独居且谨慎，活动于森林中。羽毛呈咖啡色，头顶呈黑色，喉部呈肉桂色。常见于海拔高的湿润森林或山脉中，因此而得名。高原林鹎不擅长飞行，仅在被人类围攻或受到捕食者威胁时，才进行短距离飞行。高原林鹎是杂食性鸟，食物包括从树上掉落的果实以及地面上活动的小型脊椎、无脊椎动物。通常选择在树基附近钻洞，并用树叶遮蔽，以作为巢穴。每个巢穴中，一只或多只雌鸟可产 2~5 枚绿蓝色的卵。繁殖季节为 3~8 月。

*Rhynchotus rufescens*

## 红翅鹎

体长：38~41 厘米
体重：830 克
社会单位：独居
保护状况：无危
分布范围：南美洲

红翅鹎的初级羽毛呈绚丽的金黄色，在飞行中极其醒目。头部、颈部和胸部呈肉桂色，背部和侧翼带微黑色条纹，有黑色头冠和眼后线，非常醒目。喙长且弯。红翅鹎歌声起初为强烈的“单音”，随后变为悠扬的 2 个或 3 个“音节”。栖居于草原中，是季节性杂食性鸟。

*Crypturellus cinereus*

## 灰穴鹎

体长：30 厘米
体重：500 克
社会单位：独居
保护状况：无危
分布范围：南美洲东北部

乍一看，灰穴鹎像胖乎乎的鸽子。它们栖居于南美洲东北部地势低的森林中。常见于小溪或水流附近、茂密的植被及沼泽林中。在其栖息环境中不易被发现，但却可通过其在傍晚和早晨发出的强烈而与众不同的叫声进行辨别。与其他鹎一样，它们很少飞行，仅可进行短距离的直线飞行。面对捕食者威胁时，其可迅速对攻击做出反应，敏捷地奔跑于林下植被中。主要是草食性鸟，其饮食根据季节和环境而变化：夏季食用果实、种子和无脊椎动物；冬季食用种子和浆果。相比成鸟，幼鸟的食物更多的是昆虫。

*Nothoprocta ornata*

## 丽色斑䳍

体长：30~35 厘米
体重：450~750 克
社会单位：独居、成对
保护状况：无危
分布范围：南美洲西部

丽色斑䳍羽毛呈灰棕色或带赭色条纹，背部呈黑色斑纹状，侧翼羽毛颜色稍浅。头部和颈部带黑点。胸部带灰色条纹。爪子呈灰色或浅黄色。栖居于海拔 3450~4700 米的草原和灌木丛中。有 3 个亚种，其中一种主要栖居于秘鲁，另一种主要栖居于阿根廷。主要以果实为食，还包括某些无脊椎动物、花、嫩叶、种子和根。

繁殖方式与其他䳍鸟相似，4 只雌鸟可在同一巢穴中孵卵。雏鸟喂养期仅为 3 周。巢穴小，位于高且茂密的草丛凹地处。和其近亲一样，仅在必要情况下进行短距离飞行，但可进行长距离滑翔。飞行时，总伴随着典型的单音节叫声。

**视力**
视力佳，可捕捉蠕虫及昆虫。

**羽毛**
斑点和条纹有利于隐蔽。

**颈部**
行走和奔跑时保持平衡。

**栖居于安第斯山**
这是栖居于南美洲安第斯高地和普诺地区的典型物种。由于其珍贵的肉，在这些地区它们也是一种食物源。

*Nothura maculosa*

## 斑拟䳍

体长：24~25.5 厘米
体重：260 克
社会单位：独居、成对
保护状况：无危
分布范围：南美洲东南部

斑拟䳍是最常见、数量最多且最小的䳍之一。整体呈棕色，头部、胸部和颈部呈赭色。喉部呈白色，腹部呈肉桂色，侧翼带条纹。以种子和无脊椎动物为食。雌鸟出生两个月后发育成熟，一年繁殖多次。卵呈棕色，每个巢穴有 4~6 枚卵。该物种受益于人类活动，农牧业发展为其开辟了条件优良的生存区域（禾本科生长，树木消失）。但是受捕猎威胁，某些地区的斑拟䳍数量正在减少。

**歌声及逃跑**
歌声如管弦乐一般，结尾时节奏加快。当遭受危险时，可进行短距离的低空飞行。

**栖息地**
栖居于草原和灌木丛中，是猎人的典型猎物。

*Nothura chacoensis*

## 查科拟䳍

体长：24~25 厘米
体重：250 克
社会单位：独居
保护状况：无危
分布范围：南美洲中北部

查科拟䳍是南美查科森林地区的典型物种，可见于海拔 500 米的地区。此外，也栖居于草原和乡村环境中。每个巢穴中，多达 4 只不同的雌鸟产卵，共产 4~8 枚卵。一般在树基附近的土壤中筑巢。从形态上看，易与斑拟䳍混淆，但位于不同的生态位分布中。上述两个物种，两翼初级羽片上均带白色槽隙。根据这些相似点来看，认为其源于同一祖先。此外，一些调查员认为查科拟䳍是斑拟䳍的一个亚种。据推测，这两个物种是同域形态过程的结果，其祖先共用同一环境，但在不同的栖息地觅食。

*Eudromia elegans*

## 凤头鴂

体长：39~41 厘米
体重：1.2 千克
社会单位：群居
保护状况：无危
分布范围：南美洲南部

凤头鴂是最典型的鴂之一，常见且易识别。但是容易将其与丽凤头鴂（***Eudromia formosa***）混淆，它们的分布范围存在小范围的重叠。凤头鴂又被称为凤头，体形大且细长，鸟冠与众不同。羽毛带棕色斑纹，样式特别；背部、头部、胸部和侧翼微白。从喙至眼睛处，白色线条顺势而下，直至胸部。腹部颜色较浅，略带赭色。偶尔进行短距离飞行，通常奔跑以逃避危险。喜群居，是一种社交鸟，常见于路边或路口。

它们栖息在草原、灌木林甚至于农牧区中。常见于阿根廷的巴塔哥尼亚草原上。杂食性鸟，食物包括种子、叶芽、嫩果及昆虫。每年最冷的季节，大约有 300 只凤头鴂结成群，一起觅食。但是求偶时期，结成群的凤头鴂数量减少，雄鸟之间相互竞争，持续跳舞 4 小时，以获得雌鸟的青睐。在灌木丛下及不太深的凹处筑巢。每窝产卵数可达 12 枚，卵呈艳丽的绿色。

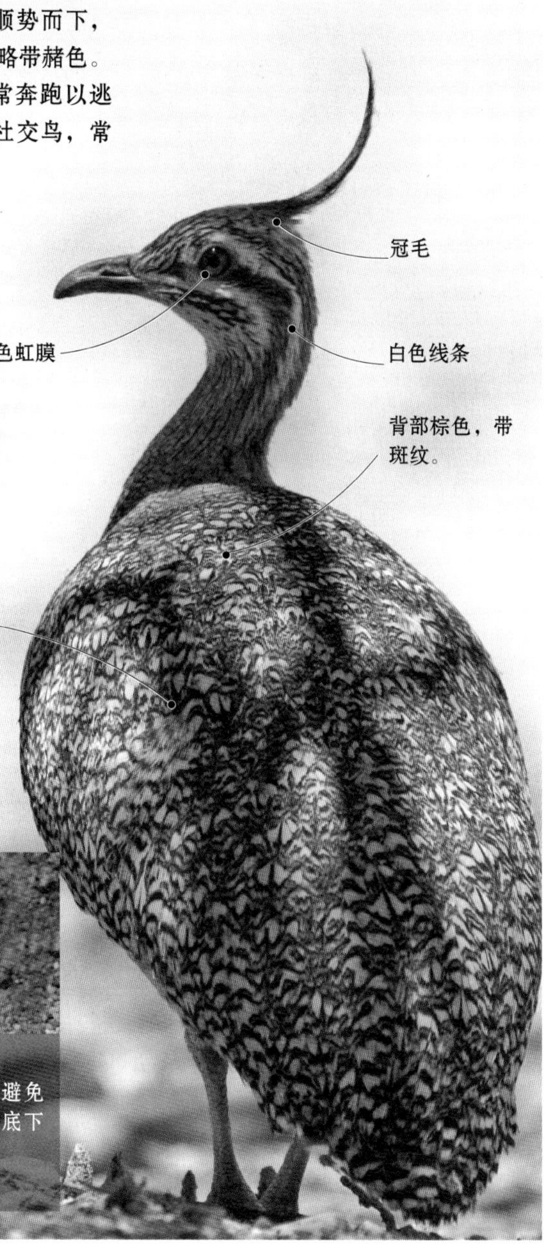


**卵及巢**
绿色的卵，色彩艳丽。为了避免被捕食者发现，它们在灌木底下筑巢，并用羽毛和草覆盖。

*Tinamotis pentlandii*

## 北山鴂

体长：41~43 厘米
体重：260~325 克
社会单位：群居
保护状况：无危
分布范围：南美洲（普纳）

北山鴂是最健壮的鴂之一，又被称为安第斯鴂或普纳石鸡，是南美生态区的地方性物种。栖居于热带和亚热带地区地势高的草原及平均海拔在 4000~4700 米之间的灌木林中。喜群居，通常许多北山鴂聚集起来唱歌，如同合唱团一般。歌声重复，且带鼻音。北山鴂羽毛与一般的鴂极其不同，脊背部带黑色和橄榄色条纹，头部和颈部带黑白交替的线条，身体下部分和尾部呈浅棕色，带黄色线条，胸部和腹部上部分呈浅灰色，带黄色条纹。与其他南美鴂一样，羽毛与环境颜色相近，在地面上不易被发现。卵呈椭圆形，绿色，带黄斑，每窝可产 5~8 枚卵。分布广泛，数量稳定。根据世界自然保护联盟评定，此物种处于无危状态。

*Taoniscus nanus*

## 侏鴂

体长：13~16 厘米
体重：43 克
社会单位：成对、群居
保护状况：易危
分布范围：南美洲（巴西和巴拉圭，阿根廷可能也有分布）

侏鴂是最小的鴂，体形丰满，腿、翅膀和尾巴短。整体呈棕灰色。喉部颜色较浅，背部带细条纹，胸部和腹部带深色不规则条纹，冠部中部带暗色块。存在轻微的性别二态性，雌鸟差异较明显，颜色多为深色，腹部颜色较浅。叫声尖厉，带鼻音，与蚱蜢的“扑哧”声相似。如今侏鴂仅栖居于巴西部分地区，食物包括种子、草、白蚁和其他昆虫及节肢动物。一般群居数量不超过 4 只。

# 游禽

企鹅是典型的游禽。它们完全适应海上生活，其翅膀如同鳍一般，好似可在水下飞行。如此，便于移动、捕鱼和躲避大量捕食者。其他科的成员，如鹈鹕和潜鸟，能潜水和浮游。

# 什么是游禽

游禽约有 400 种，即鸟类总数的 4%，有潜入水中觅食的习惯。它们具备游泳的特性，企鹅和海雀将翅膀当作鳍。潜鸟、鸬鹚、鸊鷉等其他鸟类则通过划动腿来前进。它们可在水下待几秒钟或几分钟，帝企鹅的潜水时间纪录长达 18 分钟，期间未浮出水面。

**潜水设备**
为了适应潜水和浮潜，有些鸟类长出了蹼足，可以起到桨的作用，坚实的翅片可以推动其在水中高速前进。

## 解剖结构

游禽的典型特征：羽毛密实且防水，爪子上各趾通过膜相互连接。企鹅是最具代表性的游禽，将翅膀当作鳍，与飞鸟不同的是，它们在水中滑动而非空中。相反，爪子则起着方向盘的作用。潜鸟、鸬鹚、白鹈鹕和鸊鷉等具备不同的适水特征，它们的蹼足具有鳍的功能，即鸟的推进工具。

所有游禽或多或少都具备流体动力学特征，相比飞禽“轻快”的结构而言，游禽的骨头更硬实。

可推测的是，推进方式与胸骨的大小有关。飞禽的肌肉附着面积更大。比如海雀，依靠翅膀潜水和飞行，其胸骨非常大，胸肌重量可占身体总重的 7% ~9%。鸊鷉依靠脚爪在水中移动或行走，其胸骨则相对较小。胸肌重量最多占身体总重的 4%，如凤头鸊鷉（***Podiceps cristatus***）。

## 移动

当一种鸟已完全适应在某种特定环境（如水）中移动时，若通过其他方式移动，则会消耗更多能量，有时甚至是低效能或无用功。企鹅是游泳健将和优秀的潜水员。虽然其正常的移动速度在 5~10 千米/小时之间，但最大速度可达 45 千米/小时。帝企鹅（***Aptenodytes forsteri***）可潜水至 265 米深，这是一个惊人的数据，至今仅有 7 名潜水员潜水深度超过它（比登上月球的人数还少）。有些企鹅甚至可潜水至 500 米深，虽然仍未被最终证实。但它们完全失去了飞行的能力，常常直立行走，在坡度允许的情况下，就像雪橇一样，在雪和冰块上滑行。

其他一些鸟靠翅膀在水中前进，如海雀。有的也可以到达大洋深处（厚嘴海鸦可潜至 200 米深）。但是，与企鹅不同的是，海雀保留了飞行的能力，虽然脚很短，须快速拍打翅膀才能在空中翱翔。

潜鸟和鸊鷉，叫声与鸭子相似，可潜水至 75 米深，有时会拖着身子，笨拙地跳到地面上。需要在水面“奔跑”多时，才能起飞（实际上它们无法从地面上起飞）。其他鸟即使在水面上“奔跑”，也无法飞行。秘鲁䴙䴘（*Podiceps taczanowskii*），仅分布在秘鲁的胡宁河内；短翅䴙䴘（*Rollandia microptera*），分布在玻利维亚，不会飞，且因栖息地减少和大量的捕鱼活动，面临着灭绝的危险。

鸬鹚的羽毛并不完全防水，湿了之后，重量上升，但更易于潜水觅食（鱼），可潜至10米深处。因此，鸬鹚经常将羽毛散开，让阳光晒干，就好像它们可以飞而不是潜水一样。

### 鳍：变异的翅膀

前肢结构是进化的结果，有益于减小体积和两翼的骨件数量。与哺乳动物一样，骨头短，关节活动性差。因此，鳍短且密实，对水中移动起着根本性作用，促其前进或保持平衡。

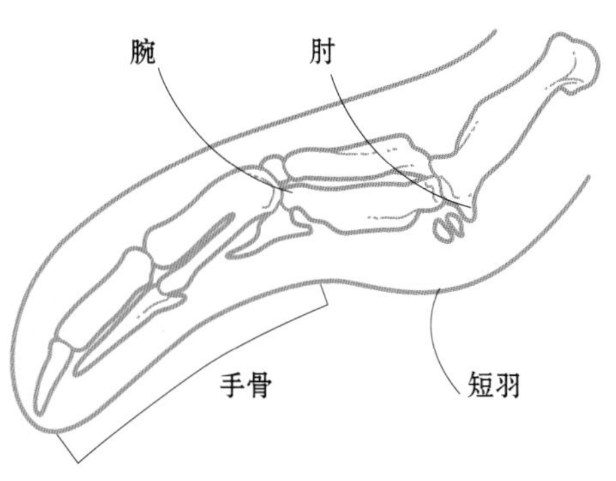


## 繁殖

游禽中，一些鸟求偶形式较特别。䴙䴘与其伴侣在水上跳同步舞。其中一种求偶方式为跳“脚尖”舞，雌雄鸟一同在水面上疾走，就好似在冰上滑行一般。它们边走边看向对方和前方，它们重复着这种同步舞，直至雌鸟同意交配。

许多鸟形成小集体，一同筑巢。在阿根廷旁塔汤布岛上，每年有17.5万至20万只麦哲伦企鹅（*Spheniscus magellanicus*）聚集于此，产卵和孵卵。此外，冠小海雀（*Aethia cristatella*）是一种较特别的海雀，在北极附近的白令海和鄂霍次克海域岛屿上，100多万只鸟聚集于此筑巢。鸬鹚，如南美鸬鹚（*Phalacrocorax bougainvillii*），400万至500万只形成一个集群，每平方米最多有3个巢。

## 食物

虽然一些游禽既会飞也会潜水，但其主要或唯一的食物来源于水中。最终，生态位的开发促进了它们的进化，使其更适应水生环境。

海洋游禽以磷虾、鱼和鱿鱼为食，但其饮食结构受每个物种自身特征、地理位置或季节影响而变化。比如，海雀，有些种类在海洋中更灵活，如普通海鸦（*Uria aalge*）可以追赶移动速度很快的鱼；有些种类更适应飞行或行走，如北极海鹦（*Fratercula arctica*），以磷虾为食。

此外，环境和潜入水中的时间也会影响猎物的相对丰富性。比如，厚嘴海鸦（*Uria lomvia*）傍晚时分及凌晨4点时，潜水深度小于20米，以磷虾为食物；而日出之后（当磷虾潜到更深的区域时），潜入深度大于40米深的区域，捕鱼为食。游禽根据一年四季和栖居的海洋及湖泊环境的不同，主要以鱼为食，同时也吃蟾蜍、蜗牛、蝾螈和水蛭。这些鸟拥有一个相同习惯，即摄入湖底的卵石，以帮助消化。潜鸟的食物也与其自身体积大小有关，较小的潜鸟以小型水生无脊椎动物为食，如昆虫、幼虫、螃蟹和虾；较大的潜鸟，如棕硬尾鸭（*Oxyura jamaicensis*），喙长且尖，喜食鱼。

## 在水中

水下活动由一系列不同阶段组成。企鹅大部分水下活动时间用于觅食和呼吸。脚和翅膀并用，从水面潜入水中深处，捕鱼并呼吸。此外，休息时，收紧身体，抬起头，浮在水面上。

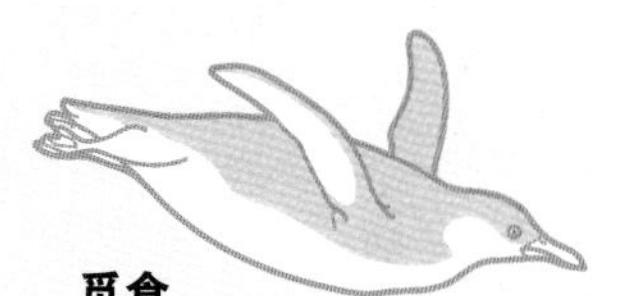

**觅食**
企鹅的双翼具备鳍的功能。脚上四趾通过蹼连接。肢体向后，尾巴则如方向盘一般，掌握着潜水的方向。

**呼吸空气**
潜入水中觅食时，需要浮出水面呼吸换气。就如海豚一般。

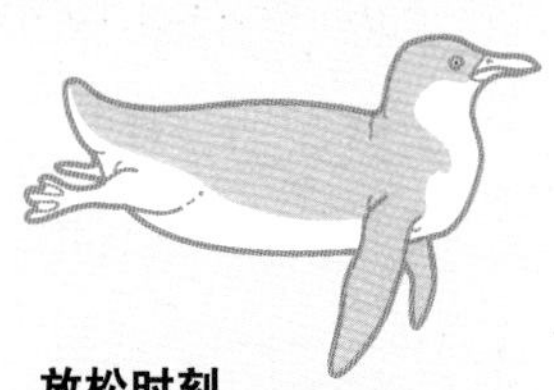

**放松时刻**
当它们在水中休息时，移动速度放缓。抬起头，用翅膀和脚平衡身体，浮在水面上。一般在觅食后或未发现捕食者的情况下，它们才会采取这种姿势休息。

# 企鹅

门：脊索动物门

纲：鸟纲

目：企鹅目

科：企鹅科

种：17

企鹅的羽毛不适合飞行，基于后肢形状特征，通常保持站立姿势。前肢长且平，适于浮游。皮肤下有一层厚厚的脂肪，连同羽毛一起，维持身体温度，并助其在水面上漂浮。与其他鸟类不同的是，它们的骨头坚硬，利于其潜入深水。

*Pygoscelis antarctica*

## 南极企鹅

体长：68~75 厘米
体重：4~7 千克
社会单位：群居
保护状况：无危
分布范围：阿根廷南部、福兰克群岛、南极洲

南极企鹅的喙和背部均呈黑色，面部和腹部呈白色，下巴下方有一条细黑线。眼睛呈红色，在黑色轮廓中较突出。脚壮，呈浅粉色。以磷虾及其他深水域甲壳类动物和鱼类为食。春季，在南极洲筑巢、产卵，一窝平均可产 2 枚卵，并在受保护的凹地孵卵，孵化期约为 40 天。雌雄企鹅均负责孵卵和照顾雏企鹅，并保护它们免受海狮等捕食者攻击。雏企鹅与其亲代相似，但羽毛呈灰色，喙略短一些。出生 1 个月后，雏企鹅离开巢穴，并成群结队活动。60 天后，开始换羽，长出成年企鹅的羽毛。冬季来临时，幼企鹅和成年企鹅离开南极领地，向北迁徙，一直栖居在海中，直至春季到来。

**游禽**
南极企鹅潜入水中觅食时，可潜至70米深处。

*Pygoscelis adeliae*

## 阿德利企鹅

体长：60~78 厘米
体重：3~7 千克
社会单位：群居
保护状况：无危
分布范围：奥克尼和南设得兰群岛、南极洲

阿德利企鹅的头部、脸、脊背和后肢外侧呈黑色，身体其余部分呈白色。眼圈为白色，因此又名“白眼企鹅”。它的喙呈黑色，略带红色调。足部皮肤裸露，无羽毛覆盖，呈浅粉色。游速可达 15 千米/小时，下潜时间长。喜群居，性格安静，无攻击性，社交能力极强。通常成群结队地游泳或活动。

春季时回到岸上进行繁殖。每年都和之前的配偶在老地方筑巢。

**行走**
可进行远距离奔跑，速度可达2.5 千米/小时。在腹部的支撑下移动，并通过爪子推进移动获取力量。

*Pygoscelis papua*

## 巴布亚企鹅

体长：70~80 厘米
体重：5~8 千克
社会单位：群居
保护状况：近危
分布范围：阿根廷、智利、福兰克群岛、南乔治亚、麦夸里岛、赫德岛、南设得兰群岛、南极群岛

巴布亚企鹅的头部及背部呈黑色，眼睛上方带三角形白斑，通常是由头部一侧到另一侧，形成束发带状。喙上表面呈黑色，下表面和侧面为橙色。爪上无羽毛，略呈浅色。雌企鹅比雄企鹅小。每年年末在离海岸 2 千米远的平地上筑巢。由于喂养幼企鹅期间会堆积大量废物和粪便，巴布亚企鹅次年会选择附近其他更为干净且更易逃向大海的地块筑巢。数百对巴布亚企鹅结成群，建立领地。当巴布亚企鹅数目过多时，会分成小集群，因此相比其他种类企鹅而言，这种企鹅更少。

**游泳健将**
游速可达27 千米/ 小时。

**亲代照料**
巴布亚企鹅用树枝、石头、羽毛及其他任何有用的材料筑巢。每只雌企鹅产2 枚卵，卵重130 克，由雌雄企鹅共同孵化。白天，它们会奔走20 千米远觅食。

*Eudyptes pachyrhynchus*

## 峡湾企鹅

体长：40~55 厘米
体重：2~4 千克
社会单位：群居
保护状况：易危
分布范围：新西兰

峡湾企鹅是体形最小的企鹅之一。头、颈和背呈黑色，腹部为白色。有一黄冠，从喙的一侧到另一侧，位于眼睛上方和头后。成年企鹅脸上还有白色线条。与其近亲相比，其群居性较弱，一对一对单独筑巢，或分散在不同地块。雌企鹅产 2 枚不同大小的卵，较大的卵先孵化。由于缺乏食物，大多数情况下只有 1 只雏企鹅能生存。

*Eudyptes robustus*

## 史纳尔岛企鹅

体长：53~60 厘米
体重：2.5~5 千克
社会单位：群居
保护状况：易危
分布范围：新西兰、澳大利亚

史纳尔岛企鹅栖居于浓密的森林和植被区以及苔藓覆盖的岩石海岸，并在此筑巢。拥有此种企鹅特有的冠，喙较大且厚。背部为深色，反射蓝光。雄企鹅求偶，雌企鹅可产 2 枚卵，但仅能孵化出 1 只雏企鹅。

*Eudyptes chrysocome*

## 南跳岩企鹅

体长：52~55 厘米
体重：2.5~3 千克
社会单位：群居
保护状况：易危
分布范围：智利、阿根廷、福兰克群岛和新西兰

南跳岩企鹅的体形小，栖居于周围有灌木植被的岩石海岸峡谷中。定居于淡水源附近，以便洗澡。眼睛上方有一条黄色羽毛带延伸出来，与头后相连。以极大规模族群聚集，是最具攻击性的企鹅之一，通过啄击保护巢穴和幼企鹅。

*Eudyptes schlegeli*

## 皇家企鹅

体长：65~75 厘米
体重：4~7 千克
社会单位：群居
保护状况：易危
分布范围：澳大利亚和新西兰

皇家企鹅的典型特征为羽毛长且蓬乱，呈黄色。每年 9 月，在麦夸里岛繁殖，此时，雄企鹅从大海中回到岸上筑巢。雌企鹅两周后回到岸上。以大规模族群聚集，约百万对。雌企鹅可产 2 枚卵，但只有 1 枚被孵化。必须防止外来鼠的攻击。

*Megadyptes antipodes*

## 黄眼企鹅

体长：66~70 厘米
体重：5~8 千克
社会单位：群居
保护状况：濒危
分布范围：新西兰

黄眼企鹅与其他企鹅的主要区别在于其眼睛周围和头后的羽毛呈黄色。身体其他部分的羽毛黑白相间。体积大，社交性弱，在植被茂密的森林深处筑巢，以避免被发现。用树枝筑巢，幼企鹅出生 106 天后离巢。具有攻击性，保卫领地。单独或成群觅食。

*Eudyptula minor*

## 小蓝企鹅

体长：30~40 厘米
体重：1~1.2 千克
社会单位：群居
保护状况：无危
分布范围：澳大利亚、新西兰

小蓝企鹅是体形最小的企鹅。羽毛呈发光的靛蓝色和白色，脚掌呈粉色。一年筑 2 次巢，通常每次产 2 枚卵。在地面挖洞或利用现有洞穴为巢。一天觅食时间长达 12~18 小时，非繁殖季节可到距海岸 700 千米远的地方觅食。回来之后，在岸上等待其他企鹅，以便成群结队地下水。

*Spheniscus demersus*

## 黑脚企鹅

体长：60~70 厘米
体重：3~4 千克
社会单位：群居
保护状况：易危
分布范围：安哥拉、莫桑比克、纳米比亚和南非

这是唯一一种在非洲进行繁殖的企鹅，且仅栖居于非洲大陆。眼睛上方有粉斑，一条白带从眼睛处延伸至脑后，胸部有黑带，沿侧翼变宽，并延伸至两翼内侧。每年筑巢 2 次，栖居于低矮树木、岩石和凹地处，以避免阳光照射。

*Spheniscus magellanicus*

## 麦哲伦企鹅

体长：65~70 厘米
体重：3~5 千克
社会单位：群居
保护状况：近危
分布范围：智利、阿根廷及福兰克群岛

麦哲伦企鹅的头部、脊背和上肢羽毛呈黑色。眼睛周围和颈部羽毛呈白色带状，往下呈黑色带状。后者是它们与汉波德企鹅的区别之处。胸部和腹部呈白色，中间有一条黑色的“U”形带。栖居于悬崖、海岸及森林中，以洞穴为巢。雌雄企鹅常常因为巢穴而展开争斗，以获取更好的庇护所。争斗过程很短，以一方逃跑而结束。与配偶交配时，也会发生短暂轻微的争斗，两喙相交，如剑士一样。同时会发出嘶叫般的声音。一般而言，以大规模族群聚居，但也有的集群企鹅数不超过 5 对。

**海洋伪装**

在水中，因麦哲伦企鹅背部呈深色，易与海底混淆，而呈浅色的腹部则隐匿于表面的亮光中。

*Spheniscus mendiculus*

## 加拉帕戈斯企鹅

体长：35~40 厘米
体重：3.3~5 千克
社会单位：群居
保护状况：濒危
分布范围：加拉帕戈斯群岛

加拉帕戈斯企鹅是南美洲最小的企鹅。头和背部羽毛呈黑色，眼睛和颈部之间有一条白线。因栖居于赤道地区，所以无特定的繁殖季节，一般在资源最丰富的时刻进行繁殖，因此，每年筑巢 3 次。为了免受阳光刺激、降低身体温度，它们下潜入水中；为了降温，向前倾斜身体，以遮住脚掌和肢体。

*Aptenodytes patagonicus*

## 王企鹅

体长：0.85~1 米
体重：9~17 千克
社会单位：群居
保护状况：无危
分布范围：南极洲、阿根廷和智利

王企鹅是仅次于帝企鹅体形最大且最重的企鹅。典型特征为：头部、颈部和胸部处有黄橙色标记，在太阳光线的照射下，形状各异。同时这些标记也是王企鹅性成熟的标志。与其他种类的企鹅相比，王企鹅的上述标记更为明显，且由灰色半环分开。胸部带黑色羽毛带，延伸至侧翼和两翼内侧边缘。喙长且细，喙端弯曲，呈黑色，两侧带橙色线条。雌雄形态特征相同，雌性企鹅体形稍小。与同类相比，一夫一妻制趋势较弱；若配偶未到达栖居地，则会寻求新的配偶。这通常是由于需要积累体内脂肪——若提前出发，则速度较慢，且易成为捕食者的目标；或出发晚了，未能与其配偶同时抵达。雌企鹅通过羽毛颜色艳丽度来选择配偶，色彩鲜艳代表身体好。雄企鹅通过发出声音和移动来吸引雌企鹅。繁殖期约为 1 年，平均每 3 年孵化出 2 只企鹅。羽毛具有御寒功能，体内积累的脂肪可帮助其在没有食物的情况下生存 3 个月。

**大规模集群**
形成大规模集群，照料幼企鹅。

**颜色**
脊背和两翼外侧羽毛呈灰黑色，胸部和腹部呈白色

**浮游和潜水**
潜入开放水域或距海岸150~1000 千米的冰缝中捕捉鱼类、鱿鱼和甲壳类动物，潜水深度达450 米。

*Aptenodytes forsteri*

## 帝企鹅

体长：1.03~1.15 米
体重：22~37 千克
社会单位：群居
保护状况：无危
分布范围：南极洲

帝企鹅的羽毛极其漂亮，可在 -40℃的环境中生存。头部周围有一条黄带，延伸至胸部。喙长且细，喙尖弯曲。帝企鹅是体形最大且最重的企鹅。每年筑巢 1 次，雄企鹅将卵放在腹部下方和两腿之间裸露的皮肤褶皱形成的孵化囊中孵化。雌企鹅负责为幼企鹅提供热量和食物。回洋时间晚。雄企鹅用胃部产生的分泌物喂食幼企鹅。

*Spheniscus humboldti*

## 洪堡企鹅

体长：65~70 厘米
体重：3.3~5 千克
社会单位：群居
保护状况：易危
分布范围：秘鲁到智利之间的太平洋沿海岸

洪堡企鹅中等体形，与麦哲伦企鹅和黑脚企鹅极为相似。腹部和胸部羽毛呈白色，背部呈黑色。腹部周围有黑色羽毛带，延伸至胸部。此外，还有零星的黑斑。眼睛周围和喙端有裸露皮肤。喙厚实，呈深色，带两条白色带。在沙或岩石缝中筑巢，产 2 枚卵。雌雄企鹅共同孵化，孵化期为 40 天，幼企鹅出生 120 天后，羽毛变得足够厚实可防水时，离开巢穴。若条件良好，同一繁殖季会筑巢 2 次。以鱿鱼、磷虾和鱼类为食。该企鹅觅食时，一般可潜至 150 米水深处。

国家地理特辑

王企鹅

# 南极国王

其他种类的企鹅因受环境问题影响，数量降低；但王企鹅却一如既往。此外，它们还重新占领了之前丢失的领地。仿佛永远也不会消失。王企鹅高达 1 米，如儿童般重（约 15 千克）。在这伟大的帝国中，它们是 17 种已知企鹅中继帝企鹅之后最大的。

**如海豚般灵巧**

相对于在水中而言，企鹅在陆地上移动较慢。在海洋中，它们的敏捷性和速度会让人想到海豚。

王企鹅（*Aptenodytes patagonicus*）的羽毛色彩对比鲜明，背部呈黑色，腹部呈白色，其他物种的企鹅大多也是这种颜色组合，这是为躲避潜在捕食者（虎鲸、海豹和鲨鱼等）攻击而采用的一种基本且被动的方法。当某一种捕食者从企鹅下方游过时，企鹅白色的胸部不易被发现。反之，当有捕食者从其上方经过时，其背部的羽毛则与海洋深处融为一体。虽然这种方式并非万无一失，但却最大可能地保护了其自身安全。

南半球春季来临时，繁殖期开始，此时食物丰富。王企鹅集群规模巨大，每一对都将占领面积不到 1 平方米的区域，并保护其不受攻击。在这里，雌企鹅仅产 1 枚卵，由雄企鹅完成孵化的第一阶段。雄企鹅将卵放置在腹部靠近大腿处，保护其免受冻土影响，此时，雌企鹅则向开放海域出发。觅食完毕之后，雌企鹅 3 周之后回到岸上，替换雄企鹅，继续孵化。约孵化 54 天后，幼企鹅破卵壳而出。很快，整块聚居地会变成一个充满毛绒娃娃般的幼儿园。

幼企鹅羽毛呈棕咖色，羽毛下面隐藏了厚厚的脂肪，可以为其提供接下来几个月所需的热量。幼企鹅的外表与成年企鹅极其不同，以至于曾有动物学家将其当作不同的物种。事实上，整个夏季在亲代的细心照料下，幼企鹅生长很快。30~40 天之中，王企鹅往返于海洋之中觅食。它们白天和夜晚的大量时间均在觅食，速度可达 12 千米/小时，可潜水至 50 米深处，在水下停留时间可超过 15 分钟。次年春季，幼企鹅羽毛变得与成年企鹅一样，就可以独自生存了。

**▶ 企鹅潮**

王企鹅集群极其紧凑，有利于处于冷战中的企鹅修复相互之间的关系。在这个名为日本花园的谷地处，聚居着 10 万多只企鹅。

王企鹅活动于南极洲北部岛屿及海岸处。数量达 200 多万个繁殖对，在全球占据了重要位置。由于王企鹅位于当地食物链金字塔顶端，因此是一个很好的生物指示器，可以反映海洋生态系统的变化，广泛地表明气候变化等环境问题带来的影响。

近来，在克罗泽群岛（印度洋南部），调查员在王企鹅的皮肤下贴上电子标签，从而使我们获知，冬季海洋表面的高温导致了现有海洋生物数量减少，这也意味着成年企鹅数量的减少。初步结果表明，由于海洋表面温度小幅上升（0.26 摄氏度），导致了成年企鹅数量减少约 10%。这表明，王企鹅正面临全球气候变暖的重大影响（近 20 年，每 10 年平均上升 0.2 摄氏度）。

一只王企鹅的寿命约为 20 年。期盼着上述预知情况不会变为现实，我们可以综合改善与环境的关系，减少人类对生态的影响，以便它们在这片美丽的白色大陆上继续上演最精彩的片段。

# 潜鸟

门：脊索动物门

纲：鸟纲

目：潜鸟目

科：潜鸟科

属：潜鸟属

种：5

潜鸟是指比鸭子稍大一些的水禽，栖居于北半球，并沿纬度进行迁徙。蹼足位于身体后部，因此潜鸟成为游泳健将，同时也可在地面上笨拙地行走。它们的吃水线较低。喙长且粗，喙端尖，夏季羽毛五颜六色，冬季一般为灰色。

*Gavia stellata*

## 红喉潜鸟

体长：55~70 厘米
体重：1~2.5 千克
翼展：1.06~1.16 米
社会单位：可变
保护状况：无危
分布范围：北半球

红喉潜鸟是体形最小的潜鸟。夏季栖居于苔原地区，通常成群结队地在陆地干净水域筑巢。迁徙过程中，有 200~1200 只潜鸟结成集群飞向南方。夏季偏向于栖居于拥有浮游植物的湖泊及湿地中。冬季向海岸飞去，栖居在靠近陆地的水域及河口中。饮食包括鱼类、甲壳类动物、软体动物、青蛙、昆虫、蠕虫以及植物。凭借眼睛探测猎物，并可潜至 9 米水深处捕捉食物。与其他潜鸟不同的是，从不在巢穴所在的湖泊或池塘内觅食。

如果巢好，潜鸟通常会年复一年地多个季节都使用这个巢。巢总是位于浅水区，离湖或池塘岸不超过 10 米的地方，或者位于水中的岩石海岬上。

夏季，红喉潜鸟背部羽毛为浅灰色到黑色皆有，带白斑和白线条；头部呈铅灰色，颈部带一块明显的斑，斑呈赭色或红棕色，由浅至深。冬季，背部羽毛呈铅灰色，带白斑。面颊、颈部和胸呈白色。喙长，呈锥形，喙端尖利。幼潜鸟腹部羽毛呈棕色，背部呈灰色。

**筑巢**
巢，位于浅水区，在植被组成的丘上挖出一个洞组成。

*Gavia immer*

## 普通潜鸟

体长：80~90 厘米
体重：2.8~4.5 千克
翼展：1.52 米
社会单位：可变
保护状况：无危
分布范围：北半球

普通潜鸟的喙长且粗，夏季呈黑色，冬季呈浅灰色。夏季，羽毛呈黑色，带斑纹和细条纹，头、颈呈黑色，胸、腹部呈白色，虹膜为红色；冬季，整体呈浅灰色。一般独居、成对或以小集群栖居于海岸环境，常活动于含有露出地面的岩层和岩石海岸的浅水区。繁殖季节，需要在针叶林或苔原地区附近的湖泊饮用结晶水。5~6 月，在湖中岩石小岛上筑巢。通常产 2 枚卵，由雌雄普通潜鸟共同孵化。主要以鱼为食，同时也吃甲壳类动物、软体动物、水生昆虫、两栖动物和植物。

*Gavia arctica*

## 黑喉潜鸟

体长：63~75 厘米
体重：1.3~3.4 千克
翼展：1~1.3 米
社会单位：可变
保护状况：无危
分布范围：北半球（欧洲和亚洲。阿拉斯加少有）

每年多达 50 只黑喉潜鸟结成群向南迁徙。若海岸附近有大型捕鱼活动，大量潜鸟则将聚集于此。4 月起，繁殖季节开始，一对一对的潜鸟在其分布地区北部单独筑巢。巢通常位于岛的边缘，由植被组成，有时也在岸边附近的草堆中筑巢。雌雄潜鸟均负责孵卵（1~3 枚）。孵化期为 30 天。与其他类潜鸟一样，主要以鱼类为食，也吃小动物。虽然没面临灭绝威胁，但其数量也在减少。此前，人们认为太平洋黑喉潜鸟是一种北极潜鸟，而如今却将其视作一个独立的物种（太平洋潜鸟）。

**捕鱼专家**
用喙在水下捉鱼。

**灰、白和黑**
头灰，颈黑，腹白，身体其余部分黑白相间。

**繁殖面临的威胁**
人类活动造成的水污染、水位涨落和栖息地变化对黑喉潜鸟的繁殖造成了影响。

*Gavia adamsii*

## 白嘴潜鸟

体长：79~91 厘米
体重：4~6.4 千克
翼展：1.37~1.52 米
社会单位：可变
保护状况：近危
分布范围：北半球

白嘴潜鸟的繁殖羽与普通潜鸟极其相似。区别在于白嘴潜鸟体形略小，喙呈黄色。

6~9 月为繁殖季节，期间，它们一对一对地单独活动。8 月至次年 5 月，成群结队或独自向南迁徙。

它们通常在内陆的苔原地区筑巢，但与其他潜鸟不同的是，白嘴潜鸟有时也在低海岸及北极海口地区筑巢。巢所在湖泊水位和深度应相对稳定。偏好于在开放区域活动，可到相对较远的地方觅食。饮食与其他潜鸟类似，主要以鱼类为食。

**方格状羽毛**
羽毛仅在夏季呈现此模样（如图所示），冬季通体呈浅灰色。

**筑巢**
通常在离水1 米处的干燥地方，用植被筑巢。

# 䴙䴘

门：脊索动物门
纲：鸟纲
目：䴙䴘目
科：䴙䴘科
属：6
种：22

䴙䴘体圆、颈短，是典型的水生鸟，栖居于世界各地。下潜以觅食、逃离危险，如此得名。与潜鸟相似，体形较小，喙短而细。有蹼足，位于身体后部，易于游泳和在地面笨拙地行走，几乎一直待在水中。翼宽，较少飞行，无尾。

*Tachybaptus ruficollis*

## 小䴙䴘

体长：23~29 厘米
体重：120~235 克
翼展：40~45 厘米
社会单位：可变
保护状况：无危
分布范围：欧洲、亚洲和非洲

小䴙䴘分布广泛。体形小，喙短而圆，羽毛呈灰色和深棕色。繁殖季节，羽毛鲜艳，面颊和颈部上方呈褐色，脸两侧、眼和喙之间有白斑。冬季，羽毛密实，色彩较一致。脸和颈呈稻草色。叫声尖厉。

栖居于略深（不超过 1 米）且小但富含水生无脊椎动物的湿地。非繁殖季节，活动于更深的水域。以幼虫、昆虫、软体动物、甲壳类动物和两栖动物为食。有时也吃小鱼。可独居，也可结成小群合居。地区不同，资源可用性不同，繁殖季节也不同。通常在地势低的湿地边缘附近，用水生植被筑巢。

**孵化**
每窝有2~10 枚卵。雌雄䴙䴘共同孵化，孵化期为20 天。

*Tachybaptus dominicus*

## 侏䴙䴘

体长：21~26 厘米
体重：112~130 克
翼展：40~45 厘米
社会单位：可变
保护状况：无危
分布范围：墨西哥至阿根廷

**冬季特征**
相比繁殖季节，在冬季，羽毛颜色更统一且更浅。

侏䴙䴘体形小，喙短，且相对较尖。眼睛为黄色，整体颜色为深灰。繁殖季节，背部羽毛呈棕灰色，而冠和喉呈黑色。两翼带白斑。

与其他美洲䴙䴘不同，侏䴙䴘分布广泛，栖居于潟湖、沼泽、河流、湖泊和红树林。繁殖时，选择无鱼的临时水域。食物包括鱼、甲壳类动物、两栖动物和水生昆虫。

*Tachybaptus pelzelnii*

## 马岛小䴙䴘

体长：25 厘米
体重：150~180 克
社会单位：可变
保护状况：易危
分布范围：马达加斯加

马岛小䴙䴘喜定居，但也会寻找更恰当的栖息环境。通常栖居于略深、植被茂密（尤其是睡莲）的淡水潟湖和湖泊。以昆虫、某些小鱼和甲壳类动物为食。8 月至次年 3 月是繁殖季节。巢由植被组成。每窝产 3~4 枚卵。

*Podiceps grisegena*

## 赤颈䴙䴘

体长：43 厘米
体重：800 克
翼展：80 厘米
社会单位：可变
保护状况：无危
分布范围：北半球

夏季，其颈部羽毛呈褐红色，因此而得名。以鱼类、甲壳类动物和某些昆虫为食。冬季，向南方的海岸和湖泊迁徙。繁殖季节，偏好在富含植被的小块水域活动；非繁殖季节，偏好在富含鱼类的浅水海岸或更宽广的区域活动。

*Podiceps cristatus*

## 凤头䴙䴘

体长：46~51 厘米
体重：0.596~1.49 千克
翼展：59~73 厘米
社会单位：可变
保护状况：无危
分布范围：欧洲、亚洲、非洲部分地区和大洋洲

全球分布广泛。颈部细长，头部引人注目，脸白，鬓毛为黄橙色，冠呈黑色，喙极长且细。幼䴙䴘头部独特，同样引人注目。与其他䴙䴘不同的是，凤头䴙䴘可在咸水域中繁殖。

*Rollandia rolland*

## 白簇䴙䴘

体长：24~36 厘米
社会单位：可变
保护状况：无危
分布范围：南美洲

白簇䴙䴘的显著特征是头部两侧有白色三角状鬓毛，带深色线条。背部呈黑色，腹部和侧翼呈棕色。虹膜为红色。非繁殖季节，羽毛呈棕色。浮巢锚定在植被上，每窝有 4~6 枚卵。

*Aechmophorus occidentalis*

## 北美䴙䴘

体长：56~74 厘米
体重：0.55~1.225 千克
社会单位：群居
保护状况：无危
分布范围：北美洲

北美䴙䴘的喙呈黄绿色，眼圈呈黑色，侧翼和背部呈黑色，通过这些特征将其与克氏䴙䴘进行区别。北美䴙䴘的虹膜为红色，两翼上有白色带，飞行时尤其醒目。幼䴙䴘羽毛呈灰色，它们喜群居，巢通常位于淡水湖泊。雄性会进行特别的求偶活动，以吸引雌性。食物包括鱼类、软体动物、蟹和蝾螈。

*Podiceps nigricollis*

## 黑颈䴙䴘

体长：28~34 厘米
体重：265~450 克
社会单位：群居
保护状况：无危
分布范围：北半球和非洲的部分地区

黑颈䴙䴘的鬓毛为橙色，与头部、颈部和胸部的黑色繁殖羽形成鲜明对比。虹膜呈鲜红色，眼圈呈黄色。冬季向南迁徙。食物包括水生昆虫、软体动物、两栖动物和鱼类。

*Aechmophorus clarkii*

## 克氏䴙䴘

体长：56~74 厘米
体重：0.55~1.225 克
社会单位：群居
保护状况：无危
分布范围：北美

克氏䴙䴘体形纤细，与小天鹅相似，喙尖利，呈黄橙色。头部直至冠处，呈黑色，眼睛为红色，眼圈呈白色。侧翼和背部羽毛颜色较北美䴙䴘浅，两翼有斑纹带。喜群居，繁殖季节会展开求偶活动。幼䴙䴘的羽毛颜色发白。

# 信天翁和鹱

海鸟和远洋鸟大部分时间都飞行于世界各大洋上空。种类丰富，且特征各异，其中翼展最长的要数漂泊信天翁。它们可以战胜暴雨和强风，但却面临日益增多的人类活动对其造成的威胁。

# 一般特征

本目大多数鸟体形大且重，其他一些体形却非常小。但是大部分鸟两翼长且窄，擅长滑翔。鹱形目几乎都是远洋鸟，仅在陆地上筑巢，但鹈燕除外。它们眼睛上方拥有海水淡化腺体，以清除饮食中摄入的过量盐分。面对捕食者，它们会吐出一种气味强烈、令人恶心的胃油。

门：脊索动物门

纲：鸟纲

目：鹱形目

科：4

属：23

种：142

## 什么是鹱形目

鹱形目是远洋鸟，即大部分时间在海上度过，一般而言，只在陆地上筑巢。翼长且窄，使其可借助强劲的风，在大洋上空滑翔，尽可能地降低能耗。有的体形大，如漂泊信天翁（*Diomedea exulans*），为最大的飞行鸟之一，翼展长达3.5米，重量为12千克；也有的体形小，如海燕科，长度不超过20厘米，重量甚至可低于50克。

有的鼻孔顶端分布着一根单管，有的两侧分布着两根双管。由于它们生活在海上，饮用盐水，因此拥有专门的海水淡化腺体，以清除多余的盐分。

足带蹼，趾间由膜连接，有助于其在水面移动或下潜入水中觅食。大多数鹱形目鸟类饮食包括鱼类、甲壳类动物和头足类动物。其中也有例外，比如巨鹱（巨鹱属），以腐肉为食。

**信天翁科**

包括4种信天翁。上图是栖居于南大洋地区的灰头信天翁（*Thalassarche chrysostoma*）。

## 繁殖

大部分鹱形目鸟类在大洋中心的偏远岛屿处筑巢，有一些也在大陆上筑巢。一般来说，巢穴位于陡坡或悬崖的裂缝或孔洞中。只产1枚卵，卵的体积大，通常呈白色；雌雄亲鸟均负责孵化，直至雏鸟出生。许多鸟全年都可进行繁殖，而其他一些鸟类，如体形较大的信天翁，则每两年繁殖一次。

## 保护

近些年来，大量物种数量都已减少。原因之一是陆地捕食者入侵岛屿巢穴；另一原因则是工业捕鱼，尤其是延绳钓等方法，对它们造成的影响。全球已着手开展各种各样的项目来保护这些海洋生态系统的重要分子。

**延绳钓**

将长长的带着钩子的线抛向大海中数百米的地方。靠近觅食的鸟则被鱼钩钩住或被鱼线缠住。这是目前这些鸟面临的主要危险之一。

# 信天翁

门：脊索动物门

纲：鸟纲

目：鹱形目

科：信天翁科

种：21

信天翁体形大，翼长且窄，是高效的飞行者。它们借助大洋风力，尽可能地减少消耗，以进行长途飞行。傍晚或晚上觅食，食物包括鱼、甲壳类动物和鱿鱼。在大陆偏远小岛上筑巢和繁殖。雌雄信天翁共同孵卵，有些信天翁实行配偶终身制。

*Thalassarche melanophrys*

## 黑眉信天翁

体长：83~93 厘米
体重：3~5 千克
翼展：2.4 米
社会单位：群居
保护状况：濒危
分布范围：南大洋

身体呈白色。有独特的黑“眉”，因此被称为黑眉信天翁。两翼上部和肩胛区呈黑色，腹部呈白色，带黑边。喙为黄色，喙端呈红色或粉色。两侧尾部呈黑色。幼信天翁与成年信天翁相似，但其喙和颈后部呈灰色。属于海鸟和远洋鸟，也栖居于海岸。跟随渔船活动，以丢弃物为食。食物包括甲壳类动物、鱼类、鱿鱼和腐肉。每年繁殖一次，在极地地区的海洋岛屿筑巢，每对信天翁用泥土和草筑巢，并在此产卵，孵化期为 70 天。

*Thalassarche chrysostoma*

## 灰头信天翁

体长：81 厘米
体重：3~3.7 千克
翼展：1.8~2.2 米
社会单位：群居
保护状况：易危
分布范围：极地、南大洋

灰头信天翁的头、颈呈灰色，两翼、背部及尾巴呈黑色。两翼中间的腹部呈白色，带黑边。喙呈黑色，上下边缘呈黄色。幼灰头信天翁喙和腹翼发黑。每两年繁殖一次，每对信天翁在岩坡处用泥土和草筑巢，产 1 枚卵，孵化期为 70 天。

*Phoebetria palpebrata*

## 灰背信天翁

体长：78~79 厘米
体重：2.8~3 千克
翼展：1.8~2.2 米
社会单位：群居
保护状况：近危
分布范围：极地、南大洋

灰背信天翁属于远洋鸟，擅长滑翔，常靠近船舶活动。头部羽毛颜色较深，眼睛后方有一块明显的白色半圆。喙呈黑色，带蓝色线条。可在水面觅食，也可下潜至较浅的地方觅食。每年繁殖两次，在偏远、有低草的大洋岛屿上用泥土和草筑巢。卵和雏鸟易受外来哺乳动物威胁。

*Diomedea exulans*

## 漂泊信天翁

体长：1.1~1.35 米
体重：8~12 千克
翼展：2.5~3.5 米
社会单位：群居
保护状况：易危
分布范围：南极附近

雌性信天翁

与雄性信天翁相比，雌性喙和两翼略短。两者羽毛相似。

配偶稳定，在南极圈北部岛屿上进行繁殖。在地面上筑巢，它们的巢是由草和青苔组成的粗糙土堆。只产 1 枚卵，亲鸟轮流孵化。每一年半繁殖一次。

### 食物

主要以鱿鱼和章鱼为食。通常晚上在水面上觅食。此外，也食用鱼类。可下潜(短时间)至水中捉鱼。

### 保护

延绳钓是造成其数量减少的主要原因，它们被钩子钩住时，会受伤，存在溺死的危险。幼鸟和卵则面临引进的外来物种的威胁，如猫、犬和大鼠。

求偶仪式

晃动头、张开双翼、啼叫等构成了求偶仪式，以吸引雌鸟。

海洋飞行鸟

双翼展开，长度超过 3 米。漂泊信天翁翼展最长，因此擅长滑翔。借助风中的气流，可进行长距离滑翔，而无须消耗过多能量。喙呈钩状，体内有盐分淡化腺体，这些特征使其适应海洋生活。

黑白相间的尾巴

尾巴羽毛通常为白色，尾尖呈黑色。

**翼展**

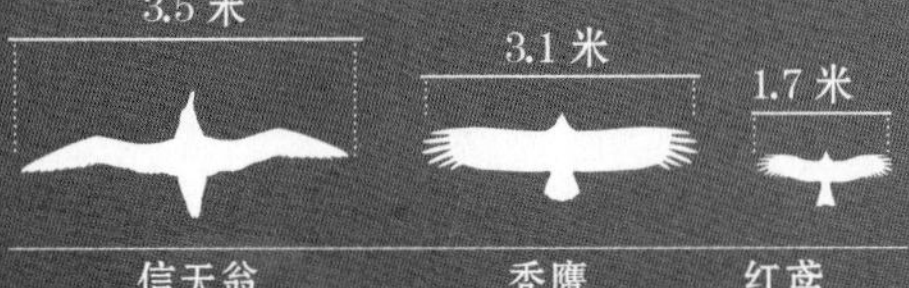

蹼足

后肢呈肉色或天蓝色，具有蹼，这是海洋鸟的典型特征。可在水中移动，但在地面上行走却很笨拙。其中三趾由膜连接。有的有第四趾，有的没有，如海燕。

挥动大双翅移动

**展翼和滑翔**

在地面上行动不灵敏，须使出很大的力气才可起飞。但是一旦飞入空中，则尽可能地降低能耗。它们的移动具备两种基本技巧：动力滑翔和坡面滑翔。前者有助于其进行长途跋涉，后者则有助于其在坡面上借助气流向上向下移动。

**起飞前的奔跑**

翼大且重，因此在起飞前，须先奔跑。此外，还须借助风力。

**飞行模式**

翼长，使得其可采用螺旋式飞行，借助气流，进行长距离滑翔。

盐腺
这是远洋鸟的独特特征，用于清除血液中多余的盐分。盐腺由小通道组成，位于眼睛上方。盐液通过鼻孔呈水滴状流出。
腺道
血液循环
盐液循环
中央排泄道
两翼及羽毛
两翼呈白色，初级羽毛呈黑色。信天翁的年龄越大，白色比例越大。
6000 千米
信天翁12 天的飞行距离。
钩状喙
喙呈钩状，边缘尖利，可以衔住滑腻的食物。有管状鼻孔，可排除多余的盐分。
着陆
因其体形较大，活动不灵敏，着陆时较笨拙。向地面下降时会消耗大量能量，而且比较危险。
9 年
成年信天翁羽毛生长的最长周期。
急剧下降
双腿向前伸，通常下降时，尽量避免撞击到胸部。
长且尖
信天翁两翼细长且尖，使其可在海洋暴风雨中滑翔。翅骨长且壮。

# 鹱

门：脊索动物门

纲：鸟纲

目：鹱形目

科：鹱科

种：108

鹱与信天翁和海燕同属一目，拥有相同的饮食习惯和繁殖习惯。鼻孔由骨管组成，位于喙上方，鼻孔相互独立。常常飞离陆地海岸和大洋岛屿，飞行高度可达1000米，当捉鱼和鱿鱼时，会骤然向下俯冲。

*Thalassoica antarctica*

## 南极鹱

体长：40~46 厘米
体重：510~765 克
翼展：1 米
社会单位：群居
保护状况：无危
分布范围：南极洲

南极鹱属于远洋鸟，栖居于南极附近海洋。头、背和初级羽毛呈暗栗色，其余部分呈白色。尾羽端为褐色。在水面或下潜入水中觅食。在内陆海岸或地面悬崖上筑巢。孵化期为40~48天。迁徙方向不固定，有的向北迁徙，有的却待在冰区附近。通常与鲸鱼和渔船一起活动。

*Macronectes giganteus*

## 巨鹱

体长：86~99 厘米
体重：3~8 千克
翼展：1.8~2.1 米
社会单位：群居
保护状况：无危
分布范围：南极洲海域

羽毛颜色多变，幼鸟羽毛呈黑色，成年巨鹱羽毛呈白色，年龄不同，中间色范围不同。虹膜呈褐色，喙呈粉黄色，喙端为绿色。在海岸平地中繁殖和觅食，饮食包括腐肉。一旦感知到危险，会吐出一种胃油。

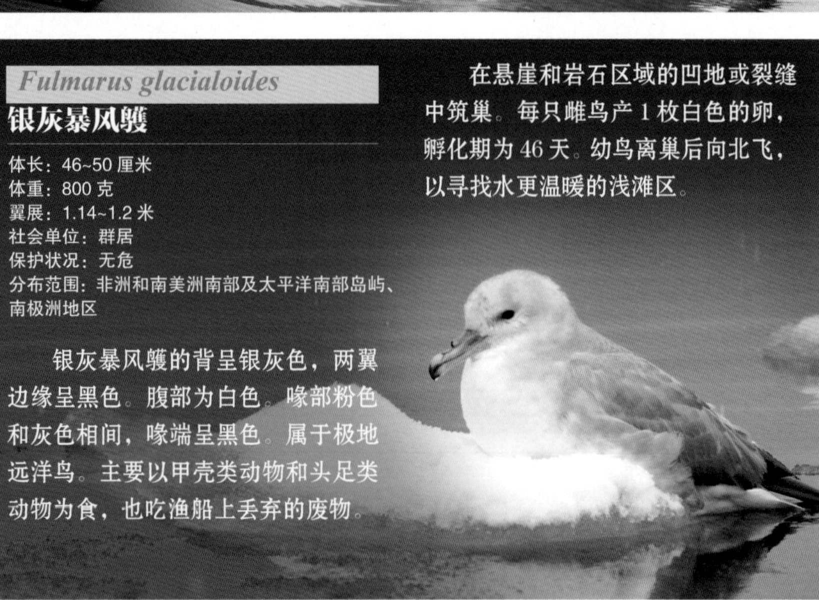

*Fulmarus glacialoides*

## 银灰暴风鹱

体长：46~50 厘米
体重：800 克
翼展：1.14~1.2 米
社会单位：群居
保护状况：无危
分布范围：非洲和南美洲南部及太平洋南部岛屿、南极洲地区

银灰暴风鹱的背呈银灰色，两翼边缘呈黑色。腹部为白色。喙部粉色和灰色相间，喙端呈黑色。属于极地远洋鸟。主要以甲壳类动物和头足类动物为食，也吃渔船上丢弃的废物。

在悬崖和岩石区域的凹地或裂缝中筑巢。每只雌鸟产1枚白色的卵，孵化期为46天。幼鸟离巢后向北飞，以寻找水更温暖的浅滩区。

*Daption capense*
## 海角鹱

体长：38~40 厘米
体重：340~480 克
翼展：81~91 厘米
社会单位：群居
保护状况：无危
分布范围：极地、南大洋和太平洋海岸

海角鹱的背部独特，黑白相间。尾巴呈白色，带黑斑；腹部呈白色。滑翔和拍动飞行交替。海角鹱数量众多，且分布广泛。以磷虾、鱼、头足类动物和腐肉为食。在水面和下潜入水中觅食，在悬崖裂缝中筑巢，亲鸟照顾雏鸟。

*Procellaria cinerea*
## 灰风鹱

体长：48~50 厘米
体重：0.9~1.2 千克
翼展：1.1~1.3 米
社会单位：群居
保护状况：近危
分布范围：极地、南大洋

灰风鹱的整体为灰色，但腹部为白色，喙和足呈黄色，栖居于亚南极冷水水域。除了以鱼类和甲壳类动物为食之外，还吃渔船上丢弃的废物。以洞穴为巢，并在此孵卵，孵化期为 50~60 天。出生 4 个月后雏鸟学会飞行。

*Pachyptila desolata*
## 鸽锯鹱

体长：25~27 厘米
体重：150~160 克
翼展：58~66 厘米
社会单位：群居
保护状况：无危
分布范围：极地、南大洋

鸽锯鹱也被称为“鲸鹱”，其翅膀上的黑条纹和背上的蓝灰色条纹在翅膀展开后则可形成“M”形条带。喙黑，宽且粗。可滑翔和拍动飞行。若猎物很小，可将喙伸入水中，过滤获取食物。在岩石裂缝或洞穴中筑巢，并在此孵卵，孵化期为 45 天。

*Hydrobates pelagicus*
## 暴风海燕

体长：14~18 厘米
体重：23~29 克
翼展：36~39 厘米
社会单位：群居
保护状况：无危
分布范围：欧洲和非洲大西洋东部、地中海

暴风海燕是体形最小的海燕，几乎通体呈黑色，臀部呈白色。足为黑色，但与黄蹼洋海燕不同的是，其足长不超过尾巴。栖居于离岸区域，仅于繁殖期在岛屿上筑巢。主要捕食者是外来的老鼠。

*Oceanites oceanicus*
## 黄蹼洋海燕

体长：15~19 厘米
体重：34~45 克
翼展：38~42 厘米
社会单位：群居
保护状况：无危
分布范围：太平洋、大西洋和印度洋

黄蹼洋海燕是数量最多的海燕，共计有千亿只。整体呈黑色，臀部为白色。足细长，飞行时，超过尾部。栖居于南部水域，冬季向北迁徙。只在地面上产 1 枚白色的卵。

*Calonectris leucomelas*
## 白额鹱

体长：48 厘米
体重：440~545 克
翼展：1.22 米
社会单位：群居
保护状况：无危
分布范围：亚洲东部、太平洋

白额鹱呈棕褐色，前额呈白色，头部小，带大理石纹，腹部呈白色，喙细且长。属于近海远洋鸟，常与其他海鸟一起活动，尾随渔船觅食。以洞穴为巢，孵化期为 60 天。

**图书在版编目（CIP）数据**

国家地理动物百科全书 . 鸟类 . 走禽 · 游禽 / 西班牙 Sol90 出版公司著 ; 陈家凤译 . -- 太原 : 山西人民出版社 , 2023.3

ISBN 978-7-203-12485-6

Ⅰ . ①国… Ⅱ . ①西… ②陈… Ⅲ . ①鸟类—青少年读物 Ⅳ . ① Q95-49

中国版本图书馆 CIP 数据核字 (2022) 第 244662 号

**著作权合同登记图字：04-2019-002**



**国家地理动物百科全书 . 鸟类 . 走禽 · 游禽**

---

著　　者：西班牙 Sol90 出版公司
译　　者：陈家凤
责任编辑：魏美荣
复　　审：崔人杰
终　　审：贺　权
装帧设计：吕宜昌

---

出 版 者：山西出版传媒集团 · 山西人民出版社
地　　址：太原市建设南路 21 号
邮　　编：030012
发行营销：0351-4922220　4955996　4956039　4922127（传真）
天猫官网：https://sxrmcbs.tmall.com　电话：0351-4922159
E-mail：sxskcb@163.com 发行部
　　　　sxskcb@126.com 总编室
网　　址：www.sxskcb.com

---

经 销 者：山西出版传媒集团 · 山西人民出版社
承 印 厂：北京永诚印刷有限公司

---

开　　本：889mm × 1194mm　1/16
印　　张：5
字　　数：217 千字
版　　次：2023 年 3 月　第 1 版
印　　次：2023 年 3 月　第 1 次印刷
书　　号：ISBN 978-7-203-12485-6
定　　价：42.00 元

---